绿色食品生产操作规程(六)

金发忠 主编

中国农业出版社
北 京

本书编委会

目　　录

绿 色 食 品 生 产 操 作 规 程

GFGC 2023A244

辽 宁 吉 林 地 区
绿色食品板栗生产操作规程

2023-04-25 发布

2023-05-01 实施

中国绿色食品发展中心 发布

前　言

本规程由中国绿色食品发展中心提出并归口。

本规程起草单位：北京市农林科学院、辽宁省经济林研究所、辽宁省绿色农业技术中心、丹东市东漾板栗食品有限公司、中国绿色食品发展中心、吉林省绿色食品发展中心。

本规程主要起草人：兰彦平、程丽莉、郑瑞杰、程运河、胡广隆、刘艳辉、徐铁男、姜晓辉、邵屹、张金凤、杨冬。

辽宁吉林地区绿色食品板栗生产操作规程

1 范围

本规程规定了辽宁吉林地区绿色食品板栗的产地环境、品种(苗木)选择、建园栽植、田间管理、采收、储藏运输、生产废弃物处理及生产档案管理。

本规程适用于辽宁省和吉林省的绿色食品板栗生产。

2 规范性引用文件

下列文件对于本文件的应用是必不可少的。凡是注日期的引用文件,仅注日期的版本适用于本文件。凡是不注日期的引用文件,其最新版本(包括所有的修改单)适用于本文件。

GB/T 6000 主要造林树种苗木质量分级

GH/T 1029 板栗

LY/T 1337 板栗优质丰产栽培技术规程

LY/T 1674 板栗储藏保鲜技术规程

NY/T 391 绿色食品 产地环境质量

NY/T 393 绿色食品 农药使用准则

NY/T 394 绿色食品 肥料使用准则

NY/T 658 绿色食品 包装通用准则

3 产地环境

产地环境应符合 NY/T 391 的要求,建立在远离污染、背风向阳、地势平坦、土壤肥沃、透气良好、排灌方便的沙壤、轻黏壤土地块;年平均气温 7.0 ℃～11.0 ℃,极端最低气温≥−30.0 ℃,年降水量 600 mm～1 200 mm,全年日照时数 2 350 h～2 800 h。

4 品种(苗木)选择

4.1 选择原则

根据植物种植区域和生长特点选择适合当地生长的优质品种,比如选择抗病、抗虫、抗寒、耐旱、耐瘠薄的品种等。

4.2 品种选用

结合辽宁吉林地区自然环境条件,因地制宜,适地适种,选择适合种植区的审认定品种。东北栽培区(产区)优良板栗品种:丹东栗有金华、大峰、丹泽、大国,中日杂交栗有宽优9113、利平、高见甘。

4.3 苗木选择

选择辽宁吉林地区较抗寒品种的嫁接苗,或丹东栗种子培育的实生苗作为砧木。嫁接苗规格及等级按照 GB/T 6000 执行,实生苗规格等级按照 LY/T 1337 第 7.2.5 的标准执行。

5 建园栽植

5.1 园址选择

5.1.1 地势地形

以低缓丘陵地、浅山梯田建园为宜,坡度 25°以下的阳坡、半阳坡或平地,避免在地势低洼、空气不流畅或黏重土壤上建园。

5.1.2 土壤条件

选土层厚度在 40 cm 以上,pH 5.5～6.5 的棕壤土,土壤有机质含量 1％以上,地下水埋深 1 m 以下,排水良好。

5.2 整地

丘陵及缓坡山地按照等高线整地成梯田或斜坡地,水平梯田宽 3 m～5 m,边缘筑起高出田面 20 cm～40 cm、宽 40 cm～50 cm 的土石埂,按株行距定点开穴。平地深翻整平后按株行距开穴或开沟。

5.3 栽植密度

根据种植区栗园的立地条件和浇灌条件选择适宜的栽植密度。土壤肥沃平地,种植密度宜为 2 m×4 m,郁闭度≥80％时,采取留固定株或行的方法进行合理间伐。不采用计划性栽植或肥力较差的栗园,种植密度宜为(3 m～4 m)×(4 m～6 m)。

5.4 栽植

5.4.1 栽植时期

春季土壤化冻后至萌芽前,一般在 4 月上中旬进行。

5.4.2 栽植方法

采用深 60 cm～80 cm、宽 60 cm～80 cm 的定植穴或定植沟栽植,栽植前将挖出表土、底土分开,底部填入腐熟有机肥,并用表土拌匀,最后回填底土。

在定植穴或定植沟上按株行距挖深、宽各 30 cm 的栽植穴,栽植前将苗木根部浸泡 12 h～24 h,充分吸水后把苗木垂直放入栽植穴内,舒展根系,填土一半后提苗踩实,再填土踩实后作树盘,栽植深度要略高出苗木根颈处 2 cm～3 cm,然后浇透水封土,最后覆盖地膜。

5.4.3 栽植后管理

苗木栽植后及时定干,干高 40 cm～60 cm,涂蜡保护剪口。萌芽后抹芽定梢,生长后期进行摘心,适时进行除草、灌水。

5.5 嫁接

实生苗栽植 3 年及以上,距离地面 50 cm 左右主干处直径达 3 cm 以上时即可进行嫁接。

5.5.1 接穗处理

按照 LY/T 1337 中 7.3.1 的规定执行。标明采集接穗的品种、产地。

5.5.2 嫁接时间和方法

按照 LY/T 1337 中 7.3.2 和 7.3.3 的规定执行。

5.5.3 嫁接后管理

按照 LY/T 1337 中 7.3.4 的规定执行。

5.6 授粉树配置

授粉树与主栽品种花期一致,授粉亲和力高,花粉量大。主栽品种与授粉品种比例 4：1,也可 1：1 互为授粉配置,两者间隔不超 20 m 为宜。

6 田间管理

6.1 土壤管理

提倡行间生草栽培,行间选留的矮生杂草在长至 30 cm～40 cm 时进行刈割,每年割草 2 次～3 次,将割下杂草覆盖在树冠下。树冠下可覆盖园艺地布、杂草等,利于保墒、增温、抑制杂草生长。

6.2 施肥

6.2.1 施肥原则

按照 NY/T 394 的规定执行。

6.2.2 基肥

板栗秋季采收后土施有机肥,主要施肥方法有条状沟施、环状沟施、放射状沟施,深度 30 cm～

40 cm。施肥量根据土壤肥力、立地条件以及板栗生长状况而定,幼树(≤5 年生)施有机肥 500 kg/亩*,盛果期施有机肥 1 500 kg/亩。

6.2.3　追肥

主要追肥时期为花期(春季)和球苞膨大期(夏季),分为土壤追肥和叶面喷肥。追肥主要方法有条状沟施、环状沟施、放射状沟施、穴施,深度 20 cm～30 cm。

花期叶面喷施 0.2％磷酸二氢钾＋0.1％～0.3％硼酸溶液,提高结实率;球苞膨大期每株幼树(≤5 年生)土壤追施 0.2 kg～0.4 kg 尿素＋0.1 kg～0.3 kg 磷酸二氢钾;盛果期每株树追施 0.5 kg～1.0 kg 尿素＋0.5 kg～0.8 kg 磷酸二氢钾,或叶面喷施 0.2％～0.3％尿素＋0.1％～0.3％磷酸二氢钾,提高单粒质量。

6.3　水分管理

在板栗萌芽期、球苞膨大期、采收后 3 个需水期及时灌溉。

6.4　病虫害防治

6.4.1　防治原则

坚持"预防为主,综合防治"的原则,按照 NY/T 393 的规定,达到安全、经济、有效的防治目的。

6.4.2　主要病虫害

主要病害有栗疫病;主要虫害有桃蛀螟、栗实象甲、栗实蛾、透翅蛾、梨圆蚧、红蜘蛛、栗大蚜等。

6.4.3　防治措施

按照病虫害发生规律,在关键防治时期协调利用农业、物理和生物防治等手段,有效防控病虫害。防治方案参见附录 A。

6.4.3.1　农业防治

选用抗病虫品种,加强抚育管理,增强树势,适地适树、良种良法是防治病虫的根本途径;早春彻底刮除主干及大枝条树皮,深度达木质部,消灭透翅蛾、红蜘蛛等越冬虫卵和各种病菌;深翻改土,消灭土壤中栗食象甲等害虫;及时清园,刮下的树皮、剪除的病枝、树叶、杂草及球苞等集中烧毁,减少病虫危害;栗园周围散种向日葵、玉米等作物,诱集桃蛀螟成虫;利用害虫假死、群居等习性,人工捕杀。

6.4.3.2　物理防治

在成虫大量出土期,在林内、林缘位置合理安置诱虫灯,诱杀透翅蛾、栗实蛾、桃蛀螟等害虫。

4月中旬至7月下旬,按红糖∶醋∶酒∶水＝1∶4∶1∶16 配制糖醋液,用红色或黄色的容器盛放,悬挂在树冠中上部无遮挡处,防治蛾类害虫。经常查看,清理虫体,添加药液。

悬挂粘虫色板,20 张/亩～30 张/亩,有效期 3 个月,粘杀有翅蚜、蛾类等害虫。

6.4.3.3　生物防治

调节栗园生态系统稳定性和可持续性,释放或施用多种有益生物因子快速高效融入目标栗园生境,发挥控害作用。

利用食螨天敌草蛉、食螨瓢虫、捕食螨、蓟马等防治红蜘蛛;用赤眼蜂控制栗实蛾等卷叶蛾类幼虫;用红点唇瓢虫、肾斑唇瓢虫和跳小蜂防治梨圆蚧;西方盲走螨、草蛉防治栗大蚜。

悬挂性信息素诱杀桃蛀螟雄虫,使雄性桃蛀螟失去交尾能力,控制其繁殖。

6.5　整形修剪

6.5.1　修剪时期和方法

冬季修剪:落叶后至翌年春季萌动前,主要方法有短截、疏剪、回缩、缓放。

夏季修剪:生长季节内,主要方法有抹芽、摘心和疏剪。

---

* 亩为非法定计量单位,1 亩≈667 m²。

6.5.2 主要树型

6.5.2.1 主干疏层形

具有直立而强大的中心领导干,其上分2层～3层,分布5个～7个主枝,第一层2个～3个,第二层2个,第三层1个～2个,树型比较高,主枝数目较多。主枝开张角60°～70°,层间距80 cm～120 cm,树冠圆锥形,通风透光良好。

6.5.2.2 自然开心形

无中心领导干,主枝2个～3个或3个～4个,从主干顶端向外斜生,每主枝上有2个～3个侧枝,主侧枝差异明显,主枝分枝角度大,一般45°～70°,树冠较矮而开张,适于密植。

6.5.2.3 变则主干形

不分层,均匀分布4个主枝,其中最上层一个作为领导干,主枝间距60 cm左右,每一主枝上有侧枝2个,主枝角度>45°。树冠较矮,透光良好,适于密植,后期去掉领导干即为自然开心形。

6.5.3 修剪技术

6.5.3.1 幼树整形修剪

以培养树体结构为主,土层瘠薄地区或干性差的品种采用自然开心形或变则主干形,土壤条件较好、干性强的品种适于主干疏层形。幼树营养充足,树势较强,以疏剪为主培养枝组,控制徒长,生长量过大的旺枝,缓放,夏季摘心、拉大枝条角度、扭梢,促生分枝。疏除细弱、重叠、病虫枝。

6.5.3.2 盛果期树体修剪

以维持健壮树势为主。因树修剪,随枝作形,看芽留枝,保持枝条分布均匀,内膛通风透光,注意结果枝组的轮替更新,每平方米树冠投垂直影面积内保留6个～8个结果母枝。保留辅养枝,疏去徒长枝和细弱枝;使各类枝条分布均匀,树冠内膛要适当多留结果枝。

6.5.3.3 衰老树修剪

板栗树的长势衰退时,对外围出现的细弱枝和枯焦枝梢,回缩、更新,促进隐芽萌发,重新形成树冠,复壮树势,延长结果年限。同时,注意对大伤口的保护。

7 采收

7.1 成熟时期

球苞自然成熟开裂,底座与球苞自然脱离时开始采收,一般在9月,根据采收成熟期不同,分期采收。

7.2 采收方法

采取捡拾和采摘相结合的方法采收。在坚果开始成熟时及时捡拾,避免坚果长时间接触地面;待70%球苞成熟开裂后一次采净,并尽快脱苞,避免堆积。

7.3 采后处理

7.3.1 挑选、去杂

板栗采收后应进行挑选,剔除霉烂果、虫蛀果、风干果和裂果,同时去除杂质。挑选、去杂应在阴凉通风处进行。

7.3.2 分级

可用板栗专用分选设备进行分级,等级规格按照GH/T 1029的规定执行。

7.3.3 预冷

分选后及时预冷,长期储藏的板栗冷风预冷后装入麻袋准备入库储藏。

8 储藏运输

8.1 储藏

8.1.1 冷库储藏法

温度宜在-2 ℃～0 ℃,相对湿度85%～95%,采用"品"字形码垛方式,中间留有换气井,控制每天的入库量为总库容的 15%～20%，具体按照 LY/T 1674 的规定执行。

8.1.2 储藏期间管理

每天监控温度、湿度变化，保证库内通风良好，适时换气。记录每垛的产地、采收及入库时间、坚果的质量状况等。

8.2 出库、包装与运输

8.2.1 出库

储藏板栗的出库可根据储藏期限或市场需求进行，保持板栗正常感官和食用品质。

8.2.2 包装

板栗运输和销售期间进行适宜的包装，包装材料应对板栗具有保护作用，按照 NY/T 658 的规定执行。

8.2.3 运输

中远距离运输销售的板栗应采用保温车、冷藏车或冷藏集装箱运输，运输温度为 0 ℃±1 ℃。

9 生产废弃物处理

9.1 修剪掉枝条、落叶、球苞综合利用

修剪掉的枝条、落叶、球苞、杂草等集中处理综合利用，粉碎后制造食用菌菌棒、发酵制成生物有机肥或者制成薄片覆盖于栗园地表。

9.2 废旧农膜处理

对于有二次利用价值的废旧农膜，由使用者回收后实现二次利用；对于无二次使用价值的废旧残膜，交由有处置能力的单位进行无害化处置。

10 生产档案管理

针对种植生产过程，建立绿色食品板栗的生产档案，重点记录产地环境气候条件、生产技术、肥水管理、病虫草害的发生和防治、采收及采后处理等情况，记录保存 3 年以上，做到板栗生产可追溯。

附　录　A

（资料性附录）

辽宁吉林地区绿色食品板栗生产主要病虫害防治方案

辽宁吉林地区绿色食品板栗生产主要病虫害防治方案见表 A.1。

表 A.1　辽宁吉林地区绿色食品板栗生产主要病虫害防治方案

防治对象	防治时期	防治药剂	使用剂量	施药方法	安全间隔期,d
栗疫病	全年随时	石硫合剂（刮除病部）	3°	涂抹	7
梨圆蚧	萌芽前	石硫合剂	3°～5°	细致均匀喷雾	7
红蜘蛛	萌芽前	石硫合剂	3°～5°	细致均匀喷雾	7
注:农药使用以最新版本 NY/T 393 的规定为准。					

绿色食品生产操作规程

GFGC 2023A245

京津冀等地区
绿色食品板栗生产操作规程

2023-04-25 发布

2023-05-01 实施

中国绿色食品发展中心 发布

前　言

本规程由中国绿色食品发展中心提出并归口。

本规程起草单位：河北省绿色食品发展中心、唐山市林果花质量中心、兴隆县山楂产业技术研究院、中国绿色食品发展中心、北京市农产品质量安全中心、天津市农业发展服务中心、山西省农产品质量安全中心、江苏省绿色食品办公室、山东省绿色食品发展中心、河南省农产品质量安全和绿色食品发展中心、唐山市农业环境保护监测站、唐山市农产品质量安全检验检测中心、承德市农产品加工服务中心、秦皇岛市农业特色产业技术指导站、运城市名优农产品建设工作站、遵化市利满缘果蔬专业合作社。

本规程主要起草人：马磊、王前、张立新、项爱丽、宋晓、李浩、马文宏、郝志勇、杭祥荣、孟浩、刘宇、陈昊青、王新娥、白凤利、王广鹏、王辉、冯艳武、王田妹、庞欣杰、高远、安旭尧、赵峻生、王康杰。

京津冀等地区绿色食品板栗生产操作规程

1 范围

本规程规定了京津冀等地区绿色食品板栗的产地环境、建园、土壤管理、肥水管理、整形修剪、病虫害防治、采收、包装、储藏运输、生产废弃物处理及生产档案管理。

本规程适用于北京、天津、河北、山西、江苏北部、山东、河南等地区的绿色食品板栗生产。

2 规范性引用文件

下列文件对于本文件的应用是必不可少的。凡是注日期的引用文件，仅注日期的版本适用于本文件。凡是不注日期的引用文件，其最新版本（包括所有的修改单）适用于本文件。

GB 6000　主要造林树种苗木质量分级

GB/T 22346　板栗质量等级

LY/T 1337　板栗优质丰产栽培技术规程

NY/T 391　绿色食品　产地环境质量

NY/T 393　绿色食品　农药使用准则

NY/T 394　绿色食品　肥料使用准则

NY/T 658　绿色食品　包装通用准则

NY/T 1042　绿色食品　坚果

NY/T 1056　绿色食品　储藏运输准则

3 产地环境

产地环境质量应符合 NY/T 391 的要求。

3.1 基地选址

产地环境质量应符合 NY/T 391 的要求。在背风向阳、光照充足的片麻岩山区、丘陵区选址地势开阔、坡度 25°以下的缓坡地或平地建园；土壤要求 pH 5.6～7.0、中性偏酸的沙壤土或壤土；气候条件满足，年平均气温 8 ℃～15 ℃，生长期平均气温 15 ℃～18 ℃，绝对最低温度不低于－24.5 ℃，绝对最高温度不高于 39.1 ℃，年≥10 ℃积温≥3 100 ℃，年降水≥500 mm，年日照 2 000 h～2 800 h，无霜期 160 d 以上。

4 建园

4.1 品种选择

根据生态区域，选择适合京津冀等地区生长的优良品种、优良品系及实生类型为主栽品种。推荐品种：燕魁、燕山早丰、替码珍珠、大板红、东陵明珠、遵达栗、塔丰、燕明、紫珀、遵玉、迁西署红、燕红、燕昌、呼啦叶、硕丰、燕紫、燕青、泰山薄壳、茧棚、红栗、无花、宋早生、南召七月红、南召笨栗、南召早丰 1 号、豫板栗 1 号、豫板栗 2 号、豫板栗 3 号。配置与主栽品种花期一致，授粉亲和力高，对主栽品种的经济性状无不良影响，花粉量大的优良品种作为授粉品种，配置比例为（4～8）∶1。

4.2 苗木选择

选择使用当地板栗实生苗或嫁接苗。实生苗规格应符合 LY/T 1337 中 7.2.5 的要求；嫁接苗规格及等级按照 GB 6000 的规定执行。

4.3 整地方法

小于 6°的坡地及平地,采用穴状整地,穴长×宽×深为 1.0 m×1.0 m×1.0 m;6°~25°的山地,修筑隔坡沟状梯田,面宽 2.0 m~2.5 m,在台面上挖宽 1.0 m、深 1.0 m 沟。底、表土分放,每立方米表土混入 20 kg~50 kg 优质农家肥回填穴(沟)底,底土回填其上,灌水沉实;无灌水条件的,提前整地,留足自然沉实时间。

4.4 栽植时间

春栽或秋栽。春栽,自土壤解冻后至芽萌动前;秋栽,自落叶至土壤封冻前。

4.5 栽植密度与方式

栽植密度根据品种、土壤肥力、环境条件和管理水平而定,株距×行距:(3 m~4 m)×(5 m~6 m)。坡地沿等高线栽植,平地南北栽植;另外增设 5%的加密备用株。

4.6 栽植技术

在整理好并灌水沉实的沟(穴)上,开 30 cm 见方的定植穴,先浇水 10 kg~15 kg,将栗苗放入水内,使根系舒展,速埋至与地面齐平,踏实,再撒上一层浮土。每株树覆盖 1 m² 地膜,四周用土压严。

4.7 嫁接

实生苗定植 1 年~2 年后,结合整形进行嫁接。

4.7.1 接穗采集与处理

按照 LY/T 1337 中 7.3.1 的规定执行。标明品种、产地和生产单位。

4.7.2 嫁接时间和方法

按照 LY/T 1337 中 7.3.2 和 7.3.3 的规定执行。

4.7.3 嫁接后管理

按照 LY/T 1337 中 7.3.4 的规定执行。

4.8 幼树防寒

在年均温度偏低的长城沿线地区,冬季对 1 年~2 年生幼树压倒埋土防寒,防止春季抽条。

5 土壤管理

5.1 修筑水土保持工程

梯田外缘种植紫穗槐等护坡植物。每年秋冬季,山地栗园修整加固梯田、修筑树盘等水土保持工程。

5.2 深翻改土

每年秋季果实采收后结合秋季施基肥进行。在树冠垂直投影外缘挖宽 30 cm~35 cm,深 40 cm~60 cm 的沟;密植栗园每隔 2 株打 1 孔,直径 30 cm~40 cm,深 40 cm~60 cm,隔年轮换方位。回填混以绿肥、秸秆或腐熟人畜粪尿、堆肥等,然后浇水。

5.3 间作

选择有利于培肥地力、对板栗生长没有不利影响、需水量较少、与板栗没有相同病虫害的花生、大豆等浅根性矮秆豆科作物。间作作物与幼树主干距离在 1.0 m 以上,随树冠扩大,逐年缩小间作范围。

5.4 全园生草

采用自然生草或人工生草,也可两种方式结合进行。秋季捡拾栗果前 10 d 刈割,割下的草覆于树盘。推荐草种:黑麦草或早熟禾、高羊茅、白三叶、紫花苜蓿、长毛野豌豆、毛叶苕子等。

5.5 树盘覆盖

覆盖材料可用间作作物秸秆、刈割的行间生草等,覆盖厚度 10 cm~15 cm,上面零星压土。3 年~4 年后结合秋施基肥或深翻开大沟埋掉。

6 肥水管理

6.1 施肥原则

肥料施用应符合 NY/T 394 的要求。

6.2 施肥时期、方法和数量

6.2.1 基肥

6.2.1.1 施肥时期。秋季果实采收完至上冻前结合深翻土壤施入。

6.2.1.2 施肥方法。树冠较小的幼树采用环状沟法,成龄树采用放射沟、条沟或全面撒施方法。

6.2.1.3 施肥量。成龄园每亩施入优质腐熟农家肥 2 000 kg～3 000 kg 或商品有机肥 300 kg～500 kg,过磷酸钙 15 kg～20 kg;幼龄园每亩施入优质腐熟农家肥 1 000 kg～1 500 kg 或商品有机肥 100 kg～200 kg,尿素 3 kg,过磷酸钙 5 kg～15 kg。

6.2.2 追肥

6.2.2.1 萌芽前追肥。放射状沟施或多点穴施,早春解冻后亩施尿素 3 kg～5 kg、硫酸钾 6 kg～8 kg,施后灌水。

6.2.2.2 果实膨大期追肥。放射状沟施或多点穴施,亩施尿素 2 kg～4 kg、硫酸钾 4 kg～5 kg,施后灌水。

6.2.2.3 叶面喷肥。生长期的 5 月—7 月,结合病虫害防治,喷施硫酸镁 2 500 倍～3 000 倍液,喷施硫酸锰 3 500 倍液;盛花期喷施 0.1%～0.2%硼砂溶液。

6.3 灌水和排水

萌芽前、开花前、坐果后、果实迅速膨大期和土壤封冻前灌水。雨水多的年份注意排水。

7 整形修剪

7.1 整形

采用自然开心形或二层开心形(主干延迟开心形)。

7.1.1 自然开心形

干高 50 cm～60 cm,主枝 3 个～4 个,均匀分布于主干,主枝基角 45°～50°,腰角 60°～65°,梢角 40°。每个主枝上配置侧枝 1 个～2 个,开张角度稍大于主枝,第一侧枝距主干 50 cm 左右,第二侧枝在第一侧枝的对面,距第一侧枝 30 cm～40 cm。在主枝与侧枝上每隔 20 cm～30 cm 配置 1 个结果枝组,结果枝组以背上斜生为主,少数为侧生。成形后,树高 2.5 m～3.0 m,冠径 3.0 m～4.0 m。

7.1.2 二层开心形(主干延迟开心形)

干高 40 cm～50 cm,第一层主枝 3 个,分枝角度 50°～55°,叶幕层 0.8 m～1.0 m。第二层主枝 2 个,分枝角度 45°～50°,叶幕层 0.8 m,层间距 1.5 m～1.8 m,树高 3.5 m～4 m。

7.2 修剪

冬剪为主,夏剪为辅。冬剪以整形、调整结构为主,疏除过多的密集枝、徒长枝、细弱枝、病虫枝和多余的梢头枝,缩剪衰弱冗长的结果枝组,稳定结果部位;夏季剪除树冠内旺枝、密生枝以及剪锯口处的萌蘖枝等,并对新梢摘心、对混合花序疏雄;秋季对预留骨干枝拉枝开角。

7.2.1 幼树期

以整形培养树冠为主,嫁接苗定植后(实生苗嫁接后)第一年、第二年培养主枝,选留侧枝,第三年以培养结果枝组为主。通过摘心、拉枝调整树型,利用夏剪摘心培养结果枝组。

7.2.2 初果期

继续培育树型、扩展树冠,合理安排骨干枝,在不影响主侧枝生长的情况下,尽量多留枝,利用辅养枝适量结果。

7.2.3 盛果期

平衡树势,保持高产稳产。疏除、回缩过密大枝,剪去细弱枝、鸡爪枝、交叉重叠枝、病虫枝;调整结果母枝数量,每平方米树冠投影面积保留结果母枝 8 个～12 个;利用徒长枝夏季摘心、壮枝短截等方法,培养内膛结果枝组;疏除细弱的结果母枝,培养强壮结果母枝;对生长变弱的多年生结果枝组,回缩到较壮的分枝处;对枝组中 30 cm 以下的发育枝和生长健壮的雄花枝,留基部 2 个芽短截,促发新的结果母枝;枝组内采用轮替更新稳定结果部位。

7.2.4 衰老更新期

对衰弱的主枝、侧枝进行回缩更新,重新培养骨干枝。

8 病虫害防治

坚持"预防为主、综合防治"的原则。农药使用应符合 NY/T 393 的要求。

8.1 植物检疫

严格执行国家规定的植物检疫制度,禁止栗胴枯病、栗瘿蜂、栗实象等检疫性病虫害的传入,不得从疫区调运苗木、接穗和种子,一经发现,立即销毁。

8.2 农业防治

栗园周围零星种植向日葵、玉米等作物,诱集桃蛀螟成虫产卵;在树下间作禾谷类作物或牧草,驱避红蜘蛛。休眠期清园,剪除病虫枝和僵果,清除枯枝落叶,刮除粗、翘裂皮;生长季节及时清理落地病虫枝、叶、板栗球苞。

8.3 物理防治

8.3.1 杀虫灯诱杀害虫

害虫发生前期,每 2 hm² 设置 1 个黑光灯或频振式杀虫灯,诱杀栗皮夜蛾、板栗透翅蛾、桃蛀螟、金龟子、卷叶蛾、大青叶蝉等害虫。

8.3.2 粘虫板诱杀

害虫发生前期,每亩悬挂黄板粘虫板 20 张～30 张,粘杀有翅蚜、叶蝉等害虫。

8.3.3 人工捕捉

对一些虫体较大易于辨认的害虫采用人工直接捕捉:捕捉天牛成虫,摘除栗瘿蜂虫瘿,早春刮除栗大蚜卵块、栗绛蚧雌母蚧,傍晚振落捕杀金龟子成虫,挖杀板栗透翅蛾幼虫,挖除枝干上隆肿鼓疤(受害组织)、杀死幼虫、压死产于幼树树干上的大青叶蝉卵块。

8.3.4 采收后及时消灭虫源

板栗采收后,及时消灭栗实象甲、桃蛀螟脱果幼虫。

8.3.5 草把诱杀

秋季,在主干和主枝下绑草把,诱集二斑叶螨越冬雌成螨。

8.3.6 刮皮涂白

入冬后,刮除板栗树枝树干和被害处老皮,涂白,消灭越冬板栗透翅蛾 2 龄幼虫。

8.4 生物防治

8.4.1 天敌治虫

保留良性杂草如白花霍香蓟等直至栗果采收前 10 d,调节园内的小气候条件,创造适合天敌生物(蜘蛛、瓢虫、捕食螨、寄生蜂等)繁衍栖息的环境。

保护天敌如草蛉、七星瓢虫、黑花椿象、大黑蜘蛛等,防治板栗红蜘蛛;用西方盲走螨、草蛉防治针叶小爪螨、栗大蚜;用黑缘红瓢虫防治栗绛蚧;用中华长尾小蜂、跳小蜂防治栗瘿蜂等;保护大黑蚜天敌如食蚜蝇、草蛉、七星瓢虫、龟纹瓢虫、蚜茧蜂、大黑蜘蛛等,以防治大黑蚜;用黑土蜂控制金龟子。

8.4.2 性诱剂诱杀

在栗园中放置粘板＋桃蛀螟性诱剂,粘杀桃蛀螟雄虫。每亩投放 0.021 g 性信息素,使雄性桃蛀螟失去交尾能力,控制其繁殖。

8.4.3 糖醋液诱杀

诱杀对糖醋酒等气味有一定敏感性的昆虫,如食心虫、金龟子、卷叶蛾等。

糖醋液配制:红糖、醋、水按照5∶20∶80配制或红糖、醋、酒、水按照1∶4∶1∶16配制。将配制好的糖醋液倒入口径10 cm的红(黄、橙、紫)色瓶子中,量不超过容器体积1/2。每株1个～2个瓶子,悬挂于树冠外围中上部无遮挡处,当地常刮风向上风,并随风向移动瓶子的位置。虫满后倒掉作为废弃物处理并重换糖醋液。

8.5 化学防治

按照病虫害发生规律,在关键防治时期施药,减少施药量和次数,严格遵守农药安全间隔期。不同作用机理的农药交替使用、合理混用。防治方法参见附录A。

9 采收

9.1 采收时间

板栗球苞开裂前"刨树场子",即清除杂草,平整地面。然后视不同地区和不同品种成熟情况采收。

9.2 采收方法

板栗球苞由绿转黄自动开裂时,摇动树干并人工拾取坚果,每天上午1次;板栗球苞开裂70%以上时,一次打落,集中捡拾坚果和板栗球苞。

9.3 采后处理

表面有水的栗果自然阴干,温度高的栗果降至常温;板栗球苞堆放在背风阴凉处,蓬堆厚度不超过80 cm,覆盖保湿,泼清水降温,5 d～7 d板栗球苞开裂后,拣出栗果,自然阴干。产品应符合NY/T 1042的要求。

9.4 栗果分级

剔除霉烂、病虫、风干、裂果及其他杂质,按照GB/T 22346的规定分级。

10 包装

产品包装应符合NY/T 658的要求,注明产地、品种、规格、数量、日期等信息。

11 储藏运输

产品储藏运输应符合NY/T 1056的要求。

11.1 储藏管理

采用冷库储藏。库内温度-3.5 ℃～0 ℃时,每天入库量控制在库容量的15%～20%。地面垫一层专用枕木,其上摆放3层板栗袋,以此为单元重复叠放。

11.1.1 储藏温度

15 d内温度-2 ℃～0 ℃,16 d～45 d调整为-3 ℃～0 ℃,46 d后调整为-3.5 ℃～-0.5 ℃,立春前调整为-4 ℃～-1 ℃。

11.1.2 储藏湿度

库内湿度保持在85%～90%,采取地面洒水、喷雾器空中喷雾或外层包装袋濡湿等方法调节库内湿度,禁止包装表面直接泼水。

11.1.3 通风换气与检查

每5 d通风换气一次,同时对库内储存产品进行检查。

11.2 运输管理

运输工具应清洁卫生,严禁与有害物品混装、混运。

12 生产废弃物处理

落叶、修剪下的枝条、板栗球苞应进行无害化处理。农膜、农药包装等废弃物应统一回收处理或资源化利用,避免污染环境。

13 生产档案管理

建立绿色食品板栗生产档案,详细记录产地环境条件、生产资料使用、土肥水管理、病虫草害防治、采收储运、批次编码等信息,实现全程质量追溯管理。档案资料应保存 3 年以上。

附　录　A

（资料性附录）

京津冀等地区绿色食品板栗生产主要病虫害化学防治方案

京津冀等地区绿色食品板栗生产主要病虫害化学防治方案见表 A.1。

表 A.1　京津冀等地区绿色食品板栗生产主要病虫害化学防治方案

防治对象	防治时期	农药名称	使用剂量	施药方法	安全间隔期,d
栗胴枯病	苗木定植前	5 波美度石硫合剂或 150 倍波尔多液	—	苗木消毒	—
	冬季	石硫合剂渣子、石灰	—	石硫合剂渣子加石灰调和,涂于树干	—
	全年随时	3 波美度石硫合剂	—	刮除病部、涂抹消毒	—
栗炭疽病	4 月—5 月, 8 月上旬	0.2 波美度~0.3 波美度石硫合剂,或 0.5%石灰半量式波尔多液	—	喷雾	15 （花期、花后、果实采收前 30 d 左右不能使用波尔多液）
	发病初期	40%多菌灵可湿性粉剂	400 倍~800 倍液	喷雾	28
栗白粉病	花前和花后	草木灰浸提液	草木灰 5 份,水 1 份过滤 24 h 后用	各喷雾 2 次,隔 7 d	7
	发病初期	50%硫黄悬浮剂	200 倍~400 倍液	喷雾	—
红蜘蛛	萌芽前	3 波美度~5 波美度石硫合剂	—	细致均匀特别是枝杈、叶痕、皱皮等处喷雾	—
大青叶蝉	成虫产卵期	40%辛硫磷乳油	1 000 倍~2 000 倍液	喷雾	

注: 农药使用以最新版本 NY/T 393 的规定为准。

绿 色 食 品 生 产 操 作 规 程

GFGC 2023A246

苏 皖 鄂 等 地 区
绿色食品板栗生产操作规程

2023-04-25 发布

2023-05-01 实施

中国绿色食品发展中心 发布

前　言

本规程由中国绿色食品发展中心提出并归口。

本规程起草单位：中南林业科技大学、湖南省绿色食品办公室、湖南省绿色食品协会、岳阳市农业农村事务中心、江苏省绿色食品办公室、浙江省农产品绿色发展中心、安徽省绿色食品管理办公室、湖北省团风县农业农村局、中国绿色食品发展中心。

本规程主要起草人：袁德义、邹锋、刘丽辉、周玲、朱勇、陈戈、谭周清、刘丝雨、熊欢、范晓明、徐继东、孙玲玲、李露、胡晓欣、王晓燕、马雪。

苏皖鄂等地区绿色食品板栗生产操作规程

1 范围

本规程规定了苏皖鄂等地区绿色食品板栗的园地选择、品种选择与配置、建园、整形修剪、土肥水管理、花果管理、病虫害防治、果实采收与储藏、生产废弃物处理、生产档案管理。

本规程适用于江苏南部、浙江西北部、安徽、湖北、湖南北部等地区绿色食品板栗生产。

2 规范性引用文件

下列文件对于本文件的应用是必不可少的。凡是注日期的引用文件,仅注日期的版本适用于本文件。凡是不注日期的引用文件,其最新版本(包括所有的修改单)适用于本文件。

LY/T 1337　板栗优质丰产栽培技术规程

LY/T 1674　板栗储藏保鲜技术规程

NY/T 391　绿色食品　产地环境质量

NY/T 393　绿色食品　农药使用准则

NY/T 394　绿色食品　肥料使用准则

NY/T 1042　绿色食品　坚果

3 园地选择

3.1 环境条件

生态环境条件良好,远离城区、矿区、交通主干线、工业污染源、生活垃圾场等。产区的空气、灌溉水、土壤等产地环境质量经监测应符合 NY/T 391 的要求。

3.2 立地条件

选择海拔高度在 1 000 m 以下、坡度 25°以下、土层厚度宜在 40 cm 以上、排灌方便、土壤 pH 5.5～7.5 的低山丘陵区。

3.3 气候条件

光照良好,年平均气温在 12 ℃～20 ℃,年降水量 700 mm～1 400 mm,日照时数 1 200 h～2 000 h,极端最低气温≥－18 ℃。

4 品种选择与配置

4.1 品种选择

选用经国家或省级主管部门审(认)定的优良品种,因地制宜,适地适种,应合理搭配好早、中、晚熟品种,部分优良板栗品种参见附录 A。

4.2 品种配置

根据主栽品种的特性,配置花期相遇、授粉亲和力强的 2 个～4 个适宜授粉品种。主栽品种和授粉品种经济性状相仿时,采用等量配置,隔行栽植;否则采用分散式配置或中心式配置,主栽品种与授粉品种比例(4～5)：1。

5 建园

5.1 整地要求

一般在 10 月中下旬至 12 月整地。坡度<10°的缓坡地及平地挖大穴,规格为长 0.8 m、宽 0.8 m、

深 0.6 m;坡度 10°～25°的丘陵山地,按等高线修筑宽 2 m～4 m 的水平壕或挖鱼鳞坑,定植穴规格为长 0.8 m、宽 0.8 m、深 0.5 m。

5.2 苗木选择

选择茎高 80 cm～100 cm,地径 1.0 cm 以上,根系主根长 20 cm 以上,芽充实饱满、无病虫害和无机械损伤的健壮苗木。

5.3 栽植时期

板栗树落叶后至萌芽前为适宜栽植时间,分为春季栽植(2 月至 3 月上旬)和秋季栽植(11 月至 12 月下旬)。

5.4 栽植技术

整地时底土、表土分放,表土与有机肥或农家肥(堆肥、土杂肥、饼肥等)混匀后,回填穴(坑)内;栽植前将苗木根部浸水 12 h～24 h,剪除烂根、枯根,苗木根系舒展放入定植穴(坑)内,培土提苗,浇足定根水。栽植深度以埋至根颈部位为准。有条件的地方,覆膜或覆草保墒。

5.5 栽植密度

以 3 m×4 m,4 m×4 m 为宜。

5.6 栽植后管理

萌芽期至展叶期根际吸肥能力弱,每周可喷施 0.2%磷酸二氢钾叶面混合肥 1 次,连续喷施 3 次～4 次壮苗。及时定干,干高 50 cm～80 cm;抹芽定梢,生长后期摘心。适时除草、灌水。对于海拔高的地区,冬季可进行树干涂白或涂抹防冻液。

6 整形修剪

6.1 整形
6.1.1 自然开心形

定干高 70 cm～80 cm,在主干上选留 3 个～4 个位置均匀伸展且比较开张的枝条作主枝,在每个主枝上间隔 60 cm～70 cm,选强壮分枝 2 个～3 个作为侧枝。

6.1.2 主干疏层形

定干高 60 cm～80 cm,主枝 6 个～8 个,2 层～3 层。第 1 层主枝 3 个～4 个,每主枝留侧枝 2 个～3 个;第 2 层主枝 2 个～3 个,每主枝留侧枝 1 个～2 个;第 3 层主枝 1 个。层内距 20 cm～40 cm。

6.2 修剪

一般采取冬季修剪为主、夏季修剪为辅相结合的方式。冬季修剪(11 月至翌年 2 月)以整形、调整树体结构为主,疏除过多的密集枝、徒长枝、细弱枝和病虫枝,缩剪衰弱冗长的结果枝组,稳定结果部位;夏季修剪(4 月—8 月)主要进行刻芽、抹芽、摘心及拉枝等措施。具体按照 LY/T 1337 规定执行。

6.2.1 幼树修剪

新梢长至 30 cm～40 cm 时持续摘心 2 次～3 次,促发新枝,扩大树冠,培养结果枝组。

6.2.2 结果期树修剪

初结果期树:合理安排骨干枝,疏除生长过密和交叉、重叠的枝条。

盛果期树:采用短截、疏枝等修剪方法,调节树势;轮替更新控冠,2 年更新,3 年复位。

6.2.3 衰弱树修剪

通过短截、拉枝、刻芽、摘心等措施培养结果枝组,3 年完成全树更新。剪锯口要平,不留短桩,同时注意对大伤口的保护。

7 土肥水管理

7.1 土壤管理
7.1.1 土壤耕翻

栽植后,从定植穴(坑)外缘开始,每年结合秋施基肥向外深翻扩展 50 cm～100 cm,土壤回填时混以农家肥或有机肥,充分灌水。

盛果期树秋施基肥后可用旋耕机全园中耕浅翻 10 cm~15 cm,以不伤树根为宜。

7.1.2 树下覆盖

一般在苗木定植并浇足定根水后进行树下覆盖,可覆盖秸秆、杂草、园艺地布、草苫等。

7.1.3 栗园生草

采用自然生草和人工生草两种模式,草高超过 30 cm 时刈割,每年刈割 3 次~4 次。人工生草品种可选用黑麦草、三叶草、豆科植物等。

7.2 施肥

肥料应符合 NY/T 394 要求。坚持安全优质、化肥减控、有机为主的肥料施用原则。有机氮和无机氮的比例需超过 1∶1;无机氮素用量不超过当地习惯施氮量的 50%。

7.2.1 幼龄树

定植当年,成活后追肥 1 次,每次每株施尿素(N≥45%)0.1 kg。第 2 年至第 3 年,于 3 月中下旬萌芽前施肥 1 次,株施尿素 0.3 kg~0.5 kg;11 月中下旬施用腐熟农家肥或有机肥(有机质≥30%)20 kg~30 kg,混施复合肥 0.2 kg~0.3 kg。

7.2.2 结果树

一般年施肥 3 次,3 月上中旬,施肥量为株施尿素 0.3 kg~0.5 kg,过磷酸钙 0.3 kg;7 月上中旬,施肥量为株施复合肥 0.5 kg;果实采收后,施肥量为株施农家肥或有机肥 50 kg~100 kg,过磷酸钙 0.5 kg 和硼砂 0.15 kg。

7.2.3 施肥方式

沟施、穴施以及撒施。

7.3 水分管理

按照 NY/T 391 的要求。在板栗萌芽期、刺苞膨大期、采收后 3 个需水期,采用蓄水灌溉,有条件的地区可用滴灌或喷灌。应避免涝害。

8 花果管理

8.1 提高坐果率

花期喷 0.2% 磷酸二氢钾+0.1%~0.3% 硼砂或硼酸+0.1% 尿素溶液 1 次~2 次。叶面喷施宜在近傍晚时进行,喷洒部位以叶背为主。

8.2 果实管理

在果实膨大期(7 月中下旬)叶面喷施 0.2%~0.3% 尿素+0.1%~0.3% 磷酸二氢钾。

9 病虫害防治

9.1 防治原则

坚持"预防为主,综合防治"的原则,综合利用农业、物理、生物防治等手段,有效防控病虫危害。农药的使用应符合 NY/T 393 的要求。

9.2 主要病虫害

主要有栗疫病、桃蛀螟、栗实象甲、栗瘿蜂、栗大蚜等。

9.3 防治措施

9.3.1 农业防治

通过选用抗病虫优良品种、加强肥水管理、合理修剪等措施,提高树势;人工冬季修剪疏除病虫枝、摘除卵块等降低病虫害基数;在产区外围种植向日葵等,引诱桃蛀螟成虫集中消灭。

9.3.2 物理防治

利用杀虫灯、色板、食饵等诱杀害虫。

9.3.3 生物防治

调节生态环境,保护天敌。人工繁育并释放天敌,提倡以螨治螨、以虫治虫或者以菌治虫。春季栗树开花前挂捕食螨防治害螨,利用赤眼蜂等防治害虫;利用黑缘红瓢虫防治栗绛蚧;利用中华长尾小蜂、跳小蜂防治栗瘿蜂;利用瓢虫、草蛉、食蚜蝇等防治蚜虫;利用西方盲爪螨、草蛉防治针叶小爪螨、栗大蚜;利用中华草蛉防治板栗红蜘蛛等。

10 果实采收与储藏

10.1 采收标准

球苞由绿色转变为黄绿色至黄褐色并自然开裂,刺束出现焦枯,坚果呈红棕色至紫褐色且具有光泽。

10.2 采收时期与方法

待球苞转色自然开裂坚果落地后,及时捡拾;栗树有 70%～75% 球苞转色并自然开裂时,打落球苞遮阳堆积后熟,人工脱粒或机械脱粒。

10.3 储藏

10.3.1 储藏前处理

选择通风凉爽场所,将栗苞摊成 50 cm 厚,堆放 5 d～7 d,待板栗坚果从栗苞中分离时,取出栗果,剔除病虫果及不合格果,再将栗果在室内摊放 1 d～2 d 后,分级,产品质量符合 NY/T 1042 的要求。

10.3.2 冷库储藏法

温度宜在 0 ℃±0.5 ℃,相对湿度为 85%～95%,应符合 LY/T 1674 的要求。

10.3.3 气调储藏法

气调储藏适宜的气体成分为:O_2 2%～3%;CO_2 10%～15%。储藏温度 −0.5 ℃～0.5 ℃,湿度保持在 90% 以上,应符合 LY/T 1674 的要求。

11 生产废弃物处理

11.1 枝条、落叶综合利用

清园时必须将枯枝、落叶、杂草、树皮等集中清理,可用于制作食用菌材料或肥料。

11.2 地布、农药包装处理

使用的地布、生产中使用的农药肥料包装瓶(袋)等废弃物,建立农药瓶(袋)回收机制,统一销毁或二次利用。

12 生产档案管理

针对绿色食品板栗的生产过程,建立相应的生产档案,重点记录产地环境气候条件、生产技术、肥水管理、病虫草害的发生和防治、采收及采后处理等情况,记录保存 3 年以上,做到板栗生产可追溯。

附　录　A

（资料性附录）

苏皖鄂部分产区优良板栗品种

苏皖鄂部分产区优良板栗品种见表 A.1。

表 A.1　苏皖鄂部分产区优良板栗品种

栽培区	产区	部分优良品种
苏皖鄂等地区	江苏南部	九家种、焦扎、处暑红
	浙江西北部	焦刺、毛魁栗
	安徽	大红袍、叶里藏、蜜蜂球
	湖北	乌壳栗、浅刺大板栗、六月暴、八月红、玫瑰红
	湖南北部	檀桥板栗、花桥板栗 2 号、湘栗 1 号、湘栗 2 号、铁粒头

绿 色 食 品 生 产 操 作 规 程

GFGC 2023A247

闽 赣 粤 等 地 区
绿色食品板栗生产操作规程

2023-04-25 发布　　　　　　　　　　　　2023-05-01 实施

中国绿色食品发展中心　发布

前　言

本规程由中国绿色食品发展中心提出并归口。

本规程起草单位:福建省绿色食品发展中心、中国绿色食品发展中心、广东省农产品质量安全中心、广西壮族自治区绿色食品发展站、江西省农业技术推广中心、湖南省绿色食品办公室、浙江省农产品绿色发展中心。

本规程主要起草人:杨芳、曾晓勇、黄李琳、汤宇青、关瑞峰、张宪、陈濠、胡冠华、陆燕、杜志明、刘新桃、张小琴。

闽赣粤等地区绿色食品板栗生产操作规程

1 范围

本规程规定了闽赣粤等地区绿色食品板栗生产的产地环境、品种选择、栽植、抚育管理、整形修剪、施肥、病虫害防治、采收与储运、生产废弃物处理及生产档案管理。

注：本规程中的板栗是指闽赣粤等地区锥栗、油栗等栽培种。

本规程适用于浙江南部、福建、江西、湖南中部、广东、广西的绿色食品板栗生产。

2 规范性引用文件

下列文件对于本文件的应用是必不可少的。凡是注日期的引用文件，仅注日期的版本适用于本文件。凡是不注日期的引用文件，其最新版本(包括所有的修改单)适用于本文件。

NY/T 391 绿色食品 产地环境质量

NY/T 393 绿色食品 农药使用准则

NY/T 394 绿色食品 肥料使用准则

NY/T 658 绿色食品 包装通用准则

3 产地环境

产地环境条件应符合 NY/T 391 的要求。板栗产地宜选择海拔 1 000 m 以下，交通便利，靠近水源，坡度≤25°，坡向为南坡、东南坡、西南坡，土层 60 cm 以上，肥沃、疏松、湿润且排水良好的沙壤土、矿质壤土、壤土，pH 5.5～6.5 为宜。

4 品种选择

4.1 主栽品种

品种宜选择适合当地气候和土壤条件优良品种，如黄榛、乌壳长芒、油榛、白露仔、顺阳红、八月香、早香栗、油果 1 号、丽亮 1 号、檀桥板栗、花桥板栗、湘栗 2 号、湘栗 4 号、华栗 1 号、华栗 2 号、华栗 3 号和华栗 4 号等品种。

4.2 授粉品种

选择花期相同的优良品种 2 个～3 个作为授粉品种，主栽品种与授粉品种的比例为(4～7)∶(1～2)。

4.3 苗木繁育

4.3.1 苗圃

宜选择背风向阳、地势平坦、通气良好，土层深厚，灌溉条件好的沙质土壤或黏壤土作为苗圃，不得选重茬地；苗圃地与板栗园保持一定的距离。

4.3.2 砧木实生苗

选用本地产的野生小毛榛作为砧本，砧木的种子以球苞开裂坚果充分成熟，自然脱落地面后采集为宜，并做好砧木种子的储藏。苗床选择土层深厚，质地疏松，排水良好的土壤。播种前苗床全面翻耕，亩施农家肥 2 000 kg～3 000 kg 作基肥。播种期秋植 10 月—11 月，春植在 2 月—3 月，采用开沟点播，条沟行距 30 cm，点播间距 8 cm～10 cm。播种量每亩 50 kg 左右。在砧木苗播种后，要做好灌水排水，中耕除草，施肥等管理。

4.3.3 嫁接苗

选择春夏季节进行嫁接，接穗应以优良品种的青壮年树为采穗母本树，或从专供采穗的良种母本源采集接穗,嫁接方法宜选用插皮接法或芽接法,并做好补接、剪砧、中耕、施肥等管理。在起苗出圃前,要做好检疫和消毒工作,避免病虫害的传染。

5 栽植

5.1 整地

坡度≥15°的山地沿等高线修筑水平带,带宽 1.5 m～3 m,或挖鱼鳞坑;坡度≤15°的缓坡地全垦整地;定植穴规格宽、深均为 0.6 m～0.8 m。每穴用腐熟厩肥 25 kg～30 kg,钙镁磷肥 0.5 kg～1.0 kg,肥料与表土、枯枝落叶等拌匀后回填。

5.2 栽植时间

冬季落叶后至翌年早春萌芽前,一般在 12 月至翌年 3 月初栽植。

5.3 栽植密度

早期丰产园株行距以 4 m×3 m 或 2 m×3 m 为宜,每亩分别种植 55 株和 110 株,其中 2 m×3 m 规格为临时株,既可早期丰产,也可中后期持续高产。树冠封行后,根据树冠交接情况,适时进行修剪和分期间伐,改善果园光照条件,直至临时株全部间伐,每亩保留 28 株,形成株行距(4 m～5 m)×(4 m～6 m)的成年板栗园为宜。

5.4 栽植方法

选择生长健壮、无病虫害、芽苞满、根系发达、株径 0.8 cm 以上 1 年～2 年生良种嫁接苗,栽植时苗木根部蘸泥浆和钙镁磷肥;挖开定植穴回填 1/3 土,将苗木置于穴中央,舒展根系,扶正苗木,边填土边提苗、踩实,覆土高度以根颈为宜;种植深度以嫁接口高于地表 1 cm～2 cm 为宜,栽后浇透水,及时抹芽和定干,定干高度为 50 cm～60 cm。

6 抚育管理

6.1 深翻扩穴改土

建园后,每年秋冬季结合施基肥进行环形或条形深挖扩穴改土,环形扩穴是沿树冠投影向外扩展深挖宽 50 cm～80 cm、深 30 cm 以上的环形区域,条形扩穴是在行间或株间两侧挖长 120 cm～150 cm、宽 40 cm～50 cm、深 50 cm～60 cm 的条沟,结合施有机肥进行改土,及时中耕除草,深度 5 cm 为宜,防止土壤板结,增强土壤通透性,减少水分蒸发,促进根系生长,避免杂草与栗树争夺肥水,减少病虫害。

6.2 水分管理

建园时应建立蓄水、排水、灌溉设施。春季雨水多,3 月—6 月应开沟排水;在 7 月—8 月果实膨大期或遇干旱时应及时灌溉,做好土壤保墒。

6.3 林下套种

林下可套种茶叶、耐荫中药材等,套种作物与幼树主干距离应在 1.0 m 以外,或种植矮秆或匍匐性的豆科作物或豆科绿肥,如花生、大豆、乌绿豆、印度豆、圆叶决明等,或种植多年生黑麦草、鼠茅草、宽叶雀稗、白三叶等进行生草栽培,栗果成熟前刈割草埋于林地中腐烂,增强土壤透气性和肥力。

7 整形修剪

7.1 树型

一般分自然开心形或主干疏层延迟开心形。自然开心形:树干高 50 cm～60 cm,全树选留 3 个～4 个主枝,不留中心干,主枝开张角度 45°～50°,每个主枝两侧对称方向选留 2 个～3 个侧枝。主干疏层延迟开心形:树干高 60 cm～80 cm,全树选留 5 个～6 个主枝,第 1 层选留主枝 3 个,开张角度 45°～50°,第 2 层选留主枝 2 个,主枝角度 30°～45°;两层主枝层间距 80 cm～100 cm,每个主枝选留 1 个～2 个侧枝,第一侧枝距主干 70 cm～80 cm,第 2 侧枝距第 1 侧枝 40 cm～60 cm。

7.2 整形方法
7.2.1 自然开心形
定干高 50 cm～60 cm,从剪口下选出生长势强的新梢 3 个～4 个,培育成主枝,各主枝间方位错开,保持一定间距,除去其余新梢,待新梢长至 70 cm 时,及时摘心,促发二次枝培养侧枝,以后每年继续培养主枝和侧枝。并对影响主、侧枝生长的枝条及时疏除。

7.2.2 主干疏层延迟开心形
定干高 60 cm～80 cm,第 2 年春选直立壮枝作为中心延长枝,同时选开开张角度 45°～50°,分布均匀的 3 个主枝作为第 1 层,在饱满芽处短截,保留 40 cm～50 cm,在距第 1 主枝往上 80 cm 处,选留 1 个～2 个方位适宜的壮枝,作为第 2 层的主枝,两层主枝方位须上下相互错开,每个主枝选留 1 个～2 个侧枝,以后每年保留 5 个主枝及其侧枝,及时除掉中心枝,并对其余细弱枝、重叠枝、交叉枝等进行疏除。

7.3 修剪
7.3.1 修剪原则
修剪每年进行,以冬季修剪为主、夏季修剪为辅,调节树势,改善光照条件,维持树体营养平衡,防止结果部位外移;剪口应平整,大剪口应涂保护剂,修剪下的病虫枝应及时清理。生长期修剪(夏季修剪):从春季萌芽后到落叶前,整个生长季节内进行;主要方法有摘心、拉枝、抹芽等。休眠期修剪(冬季修剪):从落叶到翌年春发芽前进行,以 1 月—2 月为宜,主要的方法有疏除、短截、回缩、拉枝等。

7.3.2 初果期
扩建树冠,合理安排骨干枝,适量结果,对生长过密和交叉、重叠的枝条进行疏除,树高控制在 3 m～5 m 为宜,结果母枝留量为每平方米树冠垂直投影面积 10 个～15 个。

7.3.3 盛果期
疏密留稀,疏除、回缩过密大枝或侧枝,多采用双枝更新,剪去细弱枝、鸡爪枝、交叉重叠枝、病虫枝,结果母枝留量为每平方米树冠垂直投影面积 8 个～12 个,随着树体增大,逐渐疏伐。

7.3.4 衰老更新期
对侧枝、副主枝进行回缩更新,回缩到有徒长枝或生长枝的地方,对上层郁闭、内膛空虚,影响结果的树,疏除中央大枝。

8 施肥

8.1 施肥原则
肥料使用应符合 NY/T 394 的要求。根据板栗对养分需求状况以及土壤肥力状况进行科学合理施肥,选用的肥料种类应以有机肥为主,配合适量使用无机肥,有针对性地补充中、微量元素肥料,施用的肥料不能对环境和产品造成污染。

8.2 施肥方法
采用环状沟或放射状施肥,沟宽 15 cm～20 cm,沟深 30 cm 以上。

8.3 基肥
幼树苗木栽植前施足基肥,每穴施入有机肥 25 kg～30 kg,每年施有机肥 500 kg/亩;盛果期树在果实采收后施有机肥 1 500 kg/亩。

8.4 追肥
幼树定植当年苗木成活后每株追施尿素 0.05 kg～0.1 kg;第 2 年～3 年萌芽前每株追肥 1 次速效肥或复合肥 0.5 kg;11 月中下旬每株施农家肥或饼肥 2.5 kg,或生物有机肥 15 kg～20 kg,加钙镁磷肥 0.5 kg～1.0 kg。盛果期树每年追肥 2 次,3 月上中旬追肥以氮肥为主,每株施尿素 0.4 kg～0.5 kg;7 月上中旬至 8 月上旬追肥以磷、钾肥为主,每株施复合肥 0.5 kg～1 kg。

根外追肥结合病虫害防治进行,开花前或初花期喷 0.3%～0.5% 的硼砂和 0.5% 尿素,栗苞膨大期叶面喷施 0.2% 磷酸二氢钾等营养肥,其他时期根据缺肥情况喷施微量元素,矫正微量元素的缺乏症。

9 病虫害防治

9.1 防治原则

坚持"预防为主、综合防治"的原则,坚持"农业防治、物理防治、生物防治为主,化学防治为辅"的原则,推行绿色防控技术,保持和优化栗园生态环境,做好病虫害预测预报,及早发现及时防治。认真执行检疫制度。

9.2 常见病虫害

主要病害:白粉病、栗疫病、炭疽病。

主要虫害:栗瘿蜂、桃蛀螟、栗红蜘蛛、栗实象甲、剪枝象。

9.3 防治措施

9.3.1 农业防治

采用综合农业措施,减少病虫源和降低诱发病虫发生的条件,防止病菌传播。选用高抗病优良品种,实行套种和生草栽培,改善栗园的生态环境;开展秋冬季清园,消灭病源、刨死树、除病(弱)枝、刮病斑,收集落地球苞,彻底将枯枝、落叶及病虫危害的枝条、病叶、病果集中进行烧毁或深埋,消灭炭疽病、白粉病、桃蛀螟等越冬蛹,杀死栗实象甲幼虫,减少病虫害越冬基数;在栗园周围种植向日葵或零星套种玉米等害虫喜食植物,诱杀桃蛀螟幼虫;加强肥水管理,推广有机肥替代化肥,增施有机肥,少施化肥,增加树体营养,提高抗病虫害能力。

9.3.2 物理防治

采用黑灯光、糖醋液诱杀害虫,采用人工捕捉天牛、金龟子,人工摘除栗瘿蜂、刮除害虫卵块或病斑。

9.3.3 生物防治

保护天敌以虫治虫,以螨治螨。利用寄生蜂(跳小蜂)防治栗瘿蜂,利用食螨天敌草蛉、食螨瓢虫、蓟马、小黑花蝽等防治栗红蜘蛛;冬季喷石硫合剂封园防治越冬虫蛹。

9.3.4 化学防治

严格控制农药使用浓度及安全间隔期,禁止使用禁限用农药,注意交替用药,合理混用。防治方案参见附录A。

农药使用应符合 NY/T 393 的要求。

10 采收与储运

10.1 采收方法

采用"捡栗法"进行采收,即等待栗树上的球苞成熟自然开裂,坚果自球苞内脱落地面后,用手或自制的竹夹子从落地开裂的球苞内夹取坚果,剔除病虫果、霉烂果、伤痕果,根据栗果大小进行分级。成熟前果园应全面人工除草 1 次,清除园内枯枝、杂草等,便于捡栗。

10.2 储运保鲜

采用物理方法,严禁化学熏蒸。

10.2.1 摊晾

板栗采收后立即收集在通风性良好的室内干净地面摊晾,排除果皮中部分水分;在摊晾期间,应将虫果、霉烂果、机械损伤果、畸形果等剔除干净,注意摊晾室防虫防鼠。

10.2.2 装袋预冷

在长途运输前要装袋预冷,即将摊晾后的栗果按每袋 25 kg～50 kg,装入食品级包装袋,进产地冷库预冷,库内温度控制在 −2 ℃～0 ℃,相对温度控制在 90%～95%,预冷 12 h。

包装袋应使用可重复利用、易降解、不造成产品污染的材料,产品的包装上应规范使用绿色食品标志,包装应符合 NY/T 658 的要求。

10.2.3 储藏

预冷后的栗果运输至销区或公司冷库低温储藏,库内温度控制在−2 ℃～0 ℃。

11 生产废弃物处理

在栗园内,建立废弃物与污染物收集制度,各种废弃物与污染物要分门别类收集处理;未发生病虫害的秸秆、落叶收割后直接还园肥田,补充土壤有机质,培肥地力;病枯枝、生产废弃物等要及时清理出栗园,在指定地点由具有处理资质的无害化处置单位实施无害化处理。

12 生产档案管理

针对绿色食品板栗的生产过程,要建立健全绿色食品生产档案。详细记录产地的环境条件,生产技术、肥水管理、病虫害防治、采收及采后处理、包装、储运、销售等记录,生产记录保存3年以上,实现产品生产可追溯。

附　录　A

（资料性附录）

闽赣粤等地区绿色食品板栗生产主要病虫害防治方案

闽赣粤等地区绿色食品板栗生产主要病虫害防治方案见表 A.1。

表 A.1　闽赣粤等地区绿色食品板栗生产主要病虫害防治方案

防治对象	防治时期	农药名称	使用剂量	施药方法	安全间隔期,d
栗白粉病	冬季封园	29％石硫合剂水剂	35 倍液	喷雾	—
栗胴枯病	发病期	29％石硫合剂水剂	35 倍液	涂抹发病处	—
注:农药使用以最新版本 NY/T 393 的规定为准。					

绿 色 食 品 生 产 操 作 规 程

GFGC 2023A248

云 贵 川 等 地 区
绿色食品板栗生产操作规程

2023-04-25 发布

2023-05-01 实施

中国绿色食品发展中心 发布

GFGC 2023A248

前　言

本规程由中国绿色食品发展中心提出并归口。

本规程起草单位：北京市农林科学院、四川省林业科学研究院、四川省绿色食品发展中心、德昌县群英板栗专业合作社、中国绿色食品发展中心、重庆市农产品质量安全中心、贵州省绿色食品发展中心、云南省绿色食品发展中心、广西壮族自治区绿色食品发展站。

本规程主要起草人：兰彦平、程丽莉、宋鹏、胡广隆、程运河、刘艳辉、周熙、闫志农、柳拥军、张海彬、李学琼、代振江、钱琳刚、陆燕。

云贵川等地区绿色食品板栗生产操作规程

1 范围

本规程规定了云贵川等地区绿色食品板栗的产地环境、品种(苗木)选择、栽植建园、田间管理、采收、储藏运输、生产废弃物的处理及生产档案管理。

本规程适用于重庆、四川、贵州、云南、广西的绿色食品板栗的生产。

2 规范性引用文件

下列文件对于本文件的应用是必不可少的。凡是注日期的引用文件,仅注日期的版本适用于本文件。凡是不注日期的引用文件,其最新版本(包括所有的修改单)适用于本文件。

GB 6000 主要造林树种苗木质量分级

GH/T 1029 板栗

LY/T 1337 板栗优质丰产栽培技术规程

LY/T 1674 板栗储藏保鲜技术规程

NY/T 391 绿色食品 产地环境质量

NY/T 393 绿色食品 农药使用准则

NY/T 394 绿色食品 肥料使用准则

NY/T 658 绿色食品 包装通用准则

3 产地环境

产地环境应符合 NY/T 391 的要求。宜选择背风向阳、地势略有起伏、土壤肥沃、透气良好、排灌方便的沙壤、轻黏壤土地块的山地作为适宜板栗种植区。年平均气温 12.0 ℃～20.0 ℃,年降水量 500 mm～1 300 mm,全年日照时数 1 700 h～2 300 h,极端最低气温≥－10.0 ℃,海拔 1 200 m～2 300 m,坡度≤30°,土壤 pH 5.5～7.0。

4 品种(苗木)选择

4.1 选择原则
根据板栗种植区域和生长特点选择抗病、抗虫、耐干旱、耐热品种。

4.2 品种选用
选用适合云贵川等地区自然环境条件的审认定品种,并选择与主栽品种花期一致的优良品种作为授粉树。湖南西部推荐选用油板栗、中秋栗、黄板栗等,四川推荐选用川栗早、九家种、红光栗等,云南推荐选用云夏、云良、云富、易门 2 号、易门 3 号等,贵州推荐选用迟板栗、红油大板栗、贵州灰板栗等,广西推荐选用东兰油栗、双季板栗等。

4.3 苗木选择
选择云贵川等地区推荐品种的嫁接苗,或当地优良板栗种子培育的实生苗作为砧木。嫁接苗规格及等级按照 GB/T 6000 的规定执行,实生苗规格等级按照 LY/T 1337 中 7.2.5 的规定执行。

4.4 嫁接
嫁接时间以春季 2 月中旬至 3 月上旬和夏季 6 月为宜。

穗条处理按照 LY/T 1337 中 7.3.1 的规定执行,标明采集接穗的品种、产地。

嫁接方法按照 LY/T 1337 中 7.3.3 的规定执行。

嫁接后管理按照 LY/T 1337 中 7.3.4 的规定执行。

5 栽植建园

5.1 整地

丘陵及缓坡山地按照等高线整地成梯田或斜坡地,水平梯田宽 2 m～3 m,边缘筑起高出田面 20 cm～40 cm、宽 40 cm～50 cm 的土石埂,按株行距定点开穴。

平地深翻整平后按株行距开穴或开沟,定植穴或定植沟深 60 cm～80 cm、宽 60 cm～80 cm。

5.2 栽植时间

雨季 6 月—8 月或秋季 10 月—11 月栽植。

5.3 栽植密度

根据种植区栗园的立地条件和浇灌条件选择适宜的栽植密度。土壤肥沃平地,种植密度宜为 2 m×4 m,郁闭度≥80％时,采取留固定株或行的方法进行合理间伐。不采用计划性栽植或肥力较差的栗园,种植密度宜为(3 m～4 m)×(4 m～6 m)。

5.4 授粉树配置

1 个主栽品种配植 1 个～2 个授粉品种,株数比例为(6～8)∶1,也可以选择 2 个优良品种隔行或隔双行等量相间栽植。

6 田间管理

6.1 灌溉

按照板栗萌芽期、球苞膨大期、采收后 3 个需水期及时灌溉。

6.2 施肥

按照 NY/T 394 的规定执行。

6.2.1 基肥

板栗采收后土壤施有机肥,施肥方法有条状沟施、环状沟施、放射状沟施、穴施,深度 25 cm～30 cm,与表土混匀后回填坑内。施肥量幼树(≤5 年生)500 kg/亩,盛果期 1 000 kg/亩。

6.2.2 追肥

主要追肥时期为花期(春季)和球苞膨大期(夏季),分为土壤追肥和叶面喷肥。

6.2.2.1 叶面喷施

花期 0.2％磷酸二氢钾＋0.1％～0.3％硼酸溶液,提高结实率。

6.2.2.2 土壤追肥

3 月,幼树每株施复合肥 0.4 kg～0.8 kg 或尿素 0.2 kg～0.4 kg,盛果期每株施复合肥 0.5 kg～1 kg 或尿素 0.3 kg～0.5 kg;7 月下旬至 8 月上中旬,盛果期每株施氮磷钾三元复合肥 1.2 kg～1.5 kg。

6.3 病虫害防治

6.3.1 防治原则

坚持"预防为主,综合防治"的原则,符合 NY/T 393 的要求,达到安全、经济、有效的防治目的。

6.3.2 主要病虫害

病害主要有栗胴枯病、栗白粉病、栗流胶病、栗粉锈病、栗叶枯病、栗叶斑病等;虫害主要有栗实象甲、桃蛀螟、栗皮夜蛾、栗大蚜等。

6.3.3 防治措施

按照病虫害发生规律,在关键防治时期协调利用农业、物理和生物防治等手段,有效防控病虫害。防治方案参见附录 A。

6.3.3.1 农业防治

选用抗病虫品种,加强抚育管理,增强树势,适地适树、良种良法是防治病虫的根本途径;早春彻底刮除主干及大枝条树皮,深度达木质部,消灭透翅蛾、栗大蚜等越冬卵和栗疫病等各种病菌;深翻改土,消灭土壤中栗实象甲等害虫;及时清园,刮下的树皮、剪除的病枝、杂草及球苞等集中烧毁,减少病虫危害;栗园周围散种向日葵、玉米等作物,诱集桃蛀螟成虫;利用害虫假死、群居等习性,人工捕杀。

6.3.3.2 物理防治

在成虫大量出土期,在林内、林缘位置合理安置诱虫灯,诱杀透翅蛾、栗实蛾、桃蛀螟等害虫。

4月中旬至7月下旬,按红糖∶醋∶酒∶水＝1∶4∶1∶16配制糖醋液,用红色或黄色的容器盛放,悬挂在树冠中上部无遮挡处,防治蛾类害虫。经常查看,清理虫体,添加药液;悬挂粘虫色板,20张/亩～30张/亩,有效期3个月,粘杀有翅蚜、蛾类等害虫。

6.3.3.3 生物防治

调节栗园生态系统稳定性和可持续性,释放或施用多种有益生物因子快速高效融入目标栗园生境,发挥控害作用。

利用食螨天敌草蛉、食螨瓢虫、捕食螨、蓟马等防治红蜘蛛;用赤眼蜂控制栗实蛾等卷叶蛾类幼虫;用红点唇瓢虫、肾斑唇瓢虫和跳小蜂防治梨圆蚧;西方盲走螨、草蛉防治栗大蚜。

悬挂性信息素诱杀桃蛀螟雄虫,使雄性桃蛀螟失去交尾能力,控制其繁殖。

6.4 整形修剪

6.4.1 修剪时期和方法

冬季修剪:落叶后至翌年春萌动前,主要方法有短截、疏剪、回缩、缓放、拉枝和刻伤。

夏季修剪:生长季节内,主要方法有抹芽、摘心、除雄和疏剪。

6.4.2 主要树型

6.4.2.1 主干疏层形

具有直立而强大的中心领导干,其上分2层～3层,分布5个～7个主枝,第1层2个～3个,第2层2个,第3层1个～2个,树型比较高,主枝数目较多。主枝开张角60°～70°,层间距80 cm～120 cm,树冠圆锥形,通风透光良好。

6.4.2.2 自然开心形

无中心领导干,主枝2个～3个或3个～4个,主枝层间距25 cm～30 cm,主枝均匀分布于不同方向,从主干顶端向外斜生,开张角度45°～70°。每主枝上留2个～3个侧枝,第1侧枝均留于同方位且距中央干50 cm～70 cm,第2侧枝距第1侧枝40 cm～60 cm,位于第1侧枝对侧,第3侧枝距第2侧枝40 cm～50 cm,位于第1侧枝同侧。主侧枝差异明显,主枝分枝角度大,开心形树高控制在2 m～3 m,树冠较矮而开张,适于密植。

6.4.2.3 变则主干形

不分层,均匀分布4个主枝,其中最上层一个作为领导干,主枝间距60 cm左右,每一主枝上有侧枝2个,主枝角度大于45°。树冠较矮,透光良好,适于密植,后期去掉领导干即为自然开心形。

6.4.3 修剪技术

6.4.3.1 幼树整形修剪

以培养树体结构为主,土层瘠薄地区或干性差的品种采用自然开心形或变则主干形,土壤条件较好、干性强的品种适于主干疏层形。幼树营养充足,树势较强,以疏剪为主培养枝组,控制徒长,生长量过大的旺枝,缓放,夏季摘心,拉大枝条角度,扭梢,促生分枝。对生长过密、细弱、交叉重叠和病虫枝进行剪除,使枝梢健壮,分布均匀,树冠开张,冠幅控制在4 m～5 m。

6.4.3.2 盛果期树体修剪

以维持健壮树势为主。因树修剪,随枝作形,看芽留枝,修密留疏,回缩过密大枝或侧枝,保持枝条分布均匀,内膛通风透光,注意结果枝组的轮替更新,每平方米树冠投垂直影影面积内保留8个～14个结果母枝。保留辅养枝,疏去徒长枝和细弱枝;使各类枝条分布均匀,树冠内膛要适当多留结果枝。

6.4.3.3 衰老树修剪

板栗树的长势衰退时,外围出现大量的细弱枝和枯焦枝梢,要短截、回缩、更新,回缩到有徒长枝或生长枝的地方,利用这些枝条重新培养骨干枝,促进隐芽萌发,抽生新枝,重新形成树冠,复壮树势,延长结果年限。修剪每年进行,修剪顺序先大枝、后小枝,先上部后下部,先内后外,修剪的同时,注意对大伤口的保护,必要时涂抹防病虫药剂或石硫合剂,结合施肥、浇水、防治病虫害等管理措施。

7 采收

7.1 球苞自然成熟开裂,底座与球苞自然脱离时开始采收,一般在8月初至8月中下旬,根据成熟期分期采收。

7.2 采取拣拾和采摘相结合的方法采收。在坚果开始成熟时及时拣拾,避免坚果长时间接触地面;待70%球苞成熟开裂后一次采净,并尽快脱苞,避免堆积。

7.3 采后处理

7.3.1 挑选、去杂

板栗采收后应进行挑选,剔除霉烂果、虫蛀果、风干果和裂果,同时去除杂质。挑选、去杂应在阴凉通风处进行。

7.3.2 分级

可用板栗专用分选设备进行分级,等级规格按照GH/T 1029的规定执行。

8 储藏运输

8.1 储藏

8.1.1 冷库储藏法

温度宜在−2 ℃~0 ℃,相对湿度85%~95%,采用"品"字形码垛方式,中间留有换气井,控制每天的入库量为总库容的15%~20%,具体按照LY/T 1674的规定执行。

8.1.2 储藏期间管理

每天监控温度、湿度变化,保证库内通风良好,适时换气。记录每垛的产地、采收及入库时间、坚果的质量状况等。

8.2 出库、包装与运输

8.2.1 出库

储藏板栗的出库可根据储藏期限或市场需求进行,保持板栗正常感官和食用品质。

8.2.2 包装

板栗运输和销售期间进行适宜的包装,包装材料应对板栗具有保护作用,按照NY/T 658的规定执行。

8.2.3 运输

中远距离运输销售的板栗应采用保温车、冷藏车或冷藏集装箱运输,运输温度为0 ℃±1 ℃。

9 生产废弃物处理

9.1 修剪掉枝条、落叶、球苞综合利用

修剪掉的枝条、落叶、球苞、杂草等集中处理综合利用,粉碎后制造食用菌菌棒、发酵制成生物有机肥或者制成薄片覆盖于栗园地表。

9.2 废旧农膜处理

对于有二次利用价值的废旧农膜,由使用者回收后实现二次利用;对于无二次使用价值的废旧残

膜,交由有处置能力的单位进行无害化处置。

10 生产档案管理

建立绿色食品板栗的生产档案,记录产地环境气候条件、生产技术、肥水管理、病虫草害的发生和防治、采收及采后处理等情况,记录保存 3 年以上,做到可追溯。

附　录　A

（资料性附录）

云贵川等地区绿色食品板栗生产主要病虫害防治方案

云贵川等地区绿色食品板栗生产主要病虫害防治方案见表 A.1。

表 A.1　云贵川等地区绿色食品板栗生产主要病虫害防治方案

防治对象	防治时期	防治措施	使用剂量	安全间隔期,d
栗胴枯病	全年随时	刮除病部,涂抹石硫合剂	3 波美度	7
栗白粉病	初期	波尔多液喷雾	1：1：(100～120)	20 与石硫合剂不可混用,两药间隔期 15 d～20 d
		石硫合剂喷雾	0.1 波美度～0.3 波美度	7
栗流胶病	萌芽前	刮除病部,涂抹波尔多液	1：1：100	20
栗粉锈病	萌芽前	石硫合剂喷雾	5 波美度	7 与波尔多液不可混用,两药间隔期 15 d～20 d
	发病前	波尔多液喷雾	1：1：160	20
栗叶枯病	初期	波尔多液喷雾	1：1：100	20
栗叶斑病	萌芽前	及时清园,石硫合剂喷雾	2 波美度～3 波美度	7
注:农药使用以最新版本 NY/T 393 的规定为准。				

绿 色 食 品 生 产 操 作 规 程

GFGC 2023A249

京 津 冀 等 地 区
绿色食品核桃生产操作规程

2023-04-25 发布

2023-05-01 实施

中国绿色食品发展中心 发布

前　言

本规程由中国绿色食品发展中心提出并归口。

本规程起草单位：河北省绿色食品发展中心、河北农业大学、兴隆县山楂产业技术研究院、中国绿色食品发展中心、北京市农产品质量安全中心、山西省农产品质量安全中心、山东省绿色食品发展中心、河南省农产品质量安全和绿色食品发展中心、陕西省农产品质量安全中心、天津市农业发展服务中心、邢台市农业环保监测站、唐山市林果花质量中心、唐山市农业环境保护监测站、石家庄市农业农村局、保定市农业农村局、承德市农业农村局、运城市名优农产品建设工作站、河北绿岭果业有限公司。

本规程主要起草人：李永伟、齐国辉、祖恒、马雪、郝志勇、孟浩、刘姝言、王珏、张凤娇、赵发辉、李金坤、申俊霞、胥继东、陈利英、张立新、王田妹、刘旭东、李瑞银、李建兴、王玉斌、强立纹、王康杰。

京津冀等地区绿色食品核桃生产操作规程

1 范围

本规程规定了京津冀等地区绿色食品核桃生产的产地环境与规划、品种选择、整地和栽植、土壤管理、施肥、灌水和排水、整形修剪、花果管理、病虫害防控、采收及采后处理、生产废弃物处理、包装、储藏运输和生产档案管理。

本规程适用于北京、天津、河北、山西、山东、河南、陕西等地区的绿色食品核桃生产。

2 规范性引用文件

下列文件对于本文件的应用是必不可少的。凡是注日期的引用文件,仅注日期的版本适用于本文件。凡是不注日期的引用文件,其最新版本(包括所有的修改单)适用于本文件。

LY/T 3004　核桃标准综合体

NY/T 391　绿色食品　产地环境质量

NY/T 393　绿色食品　农药使用准则

NY/T 394　绿色食品　肥料使用准则

NY/T 658　绿色食品　包装通用准则

NY/T 1042　绿色食品　坚果

NY/T 1056　绿色食品　储藏运输准则

3 产地环境与规划

3.1 环境条件

产地环境质量应符合 NY/T 391 的要求。年平均气温 8 ℃～15 ℃,极端最低温度≥−20 ℃,年降水量≥400 mm,年日照 2 000 h～2 800 h,无霜期 150 d～240 d。选择土层厚度≥100 cm,保水和透气良好的沙壤土、轻壤土和中壤土,pH 6.0～8.5,土壤含盐量<0.25%,地下水位在 2 m 以下。

3.2 园地规划设计

根据地形、地貌等自然条件、栽培方式和社会经济条件进行规划。规划的内容包括作业区、道路、防护林、品种选择与配置、栽植密度与方式、土壤改良、水土保持、排灌系统、辅助建筑物等。

4 品种选择

4.1 选择原则

优先选择适合京津冀等地区生长的优质丰产、适应性、抗逆性强的品种。授粉品种选择与主栽品种雌雄异熟性相反并且花期相遇,授粉亲和力强,花粉量大的优良品种。

4.2 选择品种

主栽品种选择绿岭、香玲、西岭、辽宁 1 号、辽宁 4 号、辽宁 7 号、金薄香 1 号、丰辉、中林 5 号、薄壳香、岱辉、寒丰、清香、礼品 2 号等。

5 整地和栽植

5.1 整地及施基肥

充分利用果园机械完成挖掘栽植沟、栽植穴,改良土壤,施足底肥等基础性工作。坡度 10°～25° 的山地,修筑隔坡沟状梯田,大块梯田、小于 10° 的坡地及平地采用沟状或穴状整地,方法如下:

5.1.1　隔坡沟状梯田整地

田面宽度依坡度而异,一般 4 m～15 m;整地深度 1 m～1.2 m,在相邻的两个田面之间,保留一定宽度的原来状态的山坡(隔坡)。整地前首先对坡面进行测量,确定梯田外沿。采用挖掘机施工,按照测量后标记的梯田外沿线向内施工,将表层土壤和较疏松的半风化母质层挖起,堆放于上方或后方不施工处的坡面上,挖出下层风化程度极低的母质层以及碎石块,放在梯田外沿线的外侧,用前面较疏松的表土和半风化母质回填,如果填不平施工沟、田面疏松层不足 70 cm 的,用上面隔坡的表层土回填,再不够的要客土回填;回填时同时混入 10 cm 厚腐熟有机肥。再向前依次施工。最后修成外高里低的小反坡田面,田面内倾角<3°;梯田外沿筑高 30 cm～50 cm 的田埂。整个田面纵向沿等高线朝向一个方向保持0.3%～0.5%的比降。

5.1.2　沟状整地

采用挖掘机进行整地,挖宽、深均为 1.0 m～1.2 m 的条状沟,沟距为预定的行距,沟长依园地情况而定,表土与心土分开放置,结合整地每亩施腐熟的有机肥 10 m³ 以上,表土与有机肥混合后回填,回填至距地面 30 cm 深,上部用表土回填,沟内灌透水沉实,再次整平后等待栽植。

5.1.3　穴状整地

采用挖掘机进行整地,挖长、宽、深均为 1.0 m～1.2 m 的穴,表土与心土分开放置,每穴施腐熟有机肥 50 kg～100 kg,施肥和回填方法同沟状整地,灌水沉实。

5.2　栽植

5.2.1　苗木选择

苗木选择嫁接苗,规格要达到特级或一级,苗木质量应符合 LY/T 3004 要求。主栽品种与授粉品种的比例为(6～9)∶1,同一园内栽植不宜超过 3 个品种。

5.2.2　栽植时间

秋栽或春栽。秋栽自落叶至土壤封冻前;春栽自土壤解冻至萌芽前。

5.2.3　栽植密度与方式

根据品种、土壤肥力、环境条件和管理水平确定栽植密度,早实良种株行距:(4 m～5 m)×(5 m～6 m),晚实良种株行距:(5 m～8 m)×(7 m～12 m)。坡地沿等高线栽植,平地南北行栽植。

5.2.4　苗木处理

栽植前,对过长、受损根系进行修剪,将修根后的苗木根系全部浸入清水中 12 h～24 h,取出苗木进行栽植。

5.2.5　栽植方法

在灌水沉实的定植沟(穴)上,开长、宽、深各 30 cm～40 cm 的定植穴,穴底成丘状,按品种栽植计划将处理好的核桃苗木放入穴内,根系均匀舒展地分布在穴内,向栽植穴内灌水 10 kg～15 kg,待水渗下约 1/2 时,立即向穴内填土,同时校正栽植的位置;待将根颈埋住时,踏一踏,再撒一层土。在灌溉水充足的地区,可以先栽植苗木,然后在苗木四周修一环形土埂,并充分灌水,待水渗后用土封严。水下渗后根颈与地面齐平。

5.2.6　栽后管理

秋栽后苗木全身刷涂白剂(涂白剂配方:生石灰 1.5 kg、食盐 0.2 kg、硫黄粉 0.3 kg、水 5 kg、油脂少许),根颈部位封 30 cm 高左右小土堆,春季土壤解冻、苗木萌芽前扒开小土堆,浇一次水,树盘覆盖约 1 m²的地膜;春栽苗木每株树树盘覆盖约 1 m² 的地膜,四周和苗干孔洞用土压严。10 d～15 d 再浇一次水。春季发芽前进行定干,定干高度距离地面 70 cm～75 cm,剪口在芽上端 3 cm 左右。春季萌芽前在苗干上套直径为 8 cm～10 cm、与苗干等长的筒状塑料袋;当芽长到 3 cm～5 cm 时,将袋的一侧剪开,1 d～2 d 后,选择傍晚时分将塑料袋取下。4 月中下旬检查成活情况,发现死株及时拔除,秋季落叶后用备用苗补栽。

5.2.7 越冬防寒

1年～2年生树在越冬前全树喷(或刷)生石灰水溶液(配方:生石灰10 kg～15 kg、水100 kg、晶体石硫合剂0.4 kg)进行树体防寒保护。

6 土壤管理

6.1 深翻改土

秋季结合施基肥进行。穴状整地栽植的核桃园,在穴外一侧挖宽30 cm～35 cm,深40 cm～60 cm的沟,回填时混以适量的有机肥,灌水。沟状整地或隔坡沟状梯田整地的核桃园不进行深翻。

6.2 行内覆盖

6.2.1 有机物覆盖

覆盖材料用麦秸、玉米秸、稻草及杂草等有机物,覆盖厚度10 cm～15 cm,上面零星压土。连续覆盖3年～4年后结合秋施基肥或深翻,将覆盖物翻入地下,再重新覆盖。

6.2.2 地布覆盖

树行两侧各覆盖80 cm～100 cm宽的园艺地布,周边用土压严或用地布钉固定。

6.3 行间生草

在行间人工种草或自然生草,每年刈割3次～4次。草与树干距离在1 m左右。

7 施肥

7.1 施肥原则

肥料施用应符合NY/T 394的要求。

7.2 施肥方法和数量

7.2.1 基肥

秋季采果后结合深翻改土施基肥。幼树每株施入商品有机肥5 kg～20 kg;进入结果期后,每生产1 kg干核桃施5 kg左右商品有机肥。基肥采用条沟、放射沟、环状沟、撒施、树盘覆盖等方法。

7.2.2 土壤追肥

7.2.2.1 追肥时期

追肥时期为萌芽前、花后和硬核期。

7.2.2.2 追肥量

1年～5年生幼树每平方米树冠投影面积施纯氮30 g～50 g,纯磷和纯钾各30 g～60 g。5年后,追肥量随树龄和产量的增加而增加。

7.2.2.3 追肥方法

7.2.2.3.1 常规方法:多点穴施。

7.2.2.3.2 水肥一体化追肥:使用水溶性肥料,从3月开始,每月滴灌施肥1次,全年5次～8次。施肥浓度200倍～250倍。

7.2.2.3.3 施肥枪追肥:在树盘下用施肥枪注射施入水溶肥、冲施肥等。

7.2.3 根外施肥

展叶后至7月每15 d～20 d喷施500倍尿素溶液,雌花初花期和盛花期叶面喷施300倍～500倍硼砂溶液和500倍尿素溶液;幼树前期每15 d喷1次500倍尿素溶液、氨基酸类叶面肥600倍～800倍液。7月下旬每15 d喷1次300倍～500倍磷酸二氢钾溶液,连喷2次～3次。

8 灌水和排水

8.1 灌水

萌芽前、坐果后、硬核期和封冻前土壤缺水时灌水。提倡采用小管出流、滴灌、微喷等自控灌溉方法或沟灌、分区交替灌溉的地表灌溉方法。

8.2 排水

雨水多的年份注意排水,尤其是黏土涝洼地。排水方法有明沟排水、暗沟排水。

9 整形修剪

9.1 树型

9.1.1 单层高位开心形

主干高 0.8 m～1.0 m,树高 2.5 m～3.0 m,树顶开心。全树在中心干上间隔 15 cm～20 cm 插空排列 8 个～12 个主枝,主枝全部拉平。

9.1.2 主干疏层形

主干高 0.8 m～1.2 m,中心干上着生主枝 5 个～7 个,分为 2 层～3 层。主枝基角 60°～80°。第 1 层主枝 3 个,每主枝 2 个～3 个侧枝;第 2 层主枝 2 个,侧枝 1 个～2 个;第 3 层主枝 1 个～2 个,侧枝 1 个。主侧枝上着生结果枝组。层间距 1.2 m～1.5 m。

9.1.3 自然开心形

主干高 0.8 m～1.2 m,在主干上着生 2 个～4 个主枝,每个主枝 2 个～3 个侧枝。主枝不分层,各主枝间的垂直距离 20 cm～40 cm。主枝基角 60°～80°。

9.1.4 纺锤形

主干高 0.8 m～1.2 m,有保持优势的中心干,在中心干均匀着生 8 个～12 个主枝,树高 3.5 m～4.5 m,主枝开张角度在 80°～100°。主枝上不留侧枝,直接着生结果枝组。下层主枝略大于上层主枝,树冠下大上小,呈纺锤形。

9.2 修剪时期及方法

9.2.1 休眠期修剪

核桃落叶至翌年发芽前,对肥水供应充足、树势健壮的核桃树,在修剪工作量较大的情况下可以进行冬季修剪;树势衰弱的核桃树可在春季萌芽前 20 d 内修剪。幼树短截中心干延长枝和主枝延长枝等;盛果期树疏除细弱、密挤的枝条,留 10 cm～15 cm 短橛重回缩,更新结果能力差的多年生衰老大枝。短截时剪口在芽前 2 cm～3 cm。主枝延长枝短截时一般留侧芽或下芽,不可留上芽。

9.2.2 生长期修剪

9.2.2.1 春季修剪

新栽树整形带以下抹芽,抹除其他部位无用萌芽。衰老大枝更新留橛处,保留 1 个～2 个壮芽,其余萌芽抹除。拉枝开角。

9.2.2.2 夏季修剪

疏除过密、多余新梢。

9.2.2.3 秋季修剪

核桃采收后至 10 月中旬,进行上部遮光大枝的回缩和大枝及病虫枝的疏除。

9.3 不同年龄阶段的修剪

9.3.1 幼树期

在苗木定干基础上,以整形培养树冠为主,定植后第一、第二年培养主、侧枝,第三年以培养结果枝组为主。在不影响主侧枝生长的情况下,尽量多留枝。通过拉枝快速调整树型。

9.3.2 初果期

继续培养树型、扩展树冠,合理安排骨干枝,培养结果枝组,适量结果。疏除生长过密、交叉和重叠的枝条。

9.3.3 盛果期

回缩、疏除辅养枝,有空间的控制生长势,保留用于结果。对大量结果后过弱的 4 年～5 年生骨干枝在基部保留 10 cm～15 cm 回缩,萌芽后去弱留强,保留壮枝拉平。内膛抽生的旺长新梢有空间通过拉枝培养成枝组。控制强旺背后枝的生长,长势较弱但已形成饱满芽的暂时保留结果,结果后回缩。

10 花果管理

10.1 人工辅助授粉

采集由绿变黄、小花分离、花药呈黄色但未散粉的授粉品种的雄花序,在室内放置 1 d～2 d,收集花粉装瓶,放在 2 ℃～5 ℃冷藏或−20 ℃冷冻保存。冷藏可以保存 3 d～5 d,冷冻可以保存 30 d。主栽品种雌花盛花期进行人工辅助授粉。从冰箱中取出的花粉尽快用完。将花粉用 8 倍～10 倍的滑石粉或淀粉稀释,授粉方法采用抖授法。

10.2 疏雄

主栽品种雄花序长至 1 cm 左右时疏除雄花序总量的 95％左右。

10.3 疏果

早实核桃、坐果量大、树势弱的树需疏果,晚实核桃、坐果量少、树势壮的树不需疏果。幼果横径 1 cm～1.5 cm 时疏果。疏果后每平方米树冠投影面积坚果产量 500 g～800 g。

11 病虫害防控

11.1 防控原则

坚持"预防为主,综合防治"的原则,加强农艺技术措施,充分运用物理和生物防治技术,结合病虫测报,精准使用化学农药。农药使用应符合 NY/T 393 的要求。

11.2 植物检疫

严格执行植物检疫制度,严禁从检疫性有害生物流行区引进苗木,以及任何可携带检疫性病虫害的其他植物和材料。园内如发现检疫性有害生物,彻底清除有害生物及其载体,立即采取措施加强防治和隔离,防止疫情蔓延。

11.3 病虫预测预报

根据核桃主要病虫害流行规律,结合当地当时的气候条件和树体生长发育状况,利用各级植保站所发布的预测预报信息、灯诱、性诱、黄蓝板和田间抽样调查技术,对核桃主要病虫害的发生危害动态开展系统监测,有条件的可结合计算机信息技术、数理统计建模、人工智能和大区域宏观分析等技术,开展核桃主要病虫害发生危害监测,进行发生危害动态趋势的评估与预测和防治决策。

11.4 农业防控

加强田间管理,入冬后翻土,结合修剪、清园,减少病虫源。生长季利用生草、间作、灌溉、沼肥(沼液、沼渣)防治病虫害等方法,增强树势,压低病虫的数量,提高树体自身抗病虫能力。

11.5 物理防治

11.5.1 杀虫灯诱杀

4 月下旬开始,每 2 hm²～4 hm² 设置 1 盏黑光灯或频振杀虫灯,诱杀害虫。

11.5.2 粘虫板诱杀

利用害虫的趋色性,园间悬挂黄板、蓝板等粘虫板粘杀有翅蚜、叶蝉等害虫。在害虫发生前期悬挂在园内,每亩 20 张～30 张。

11.5.3 糖醋液或(食诱剂)诱杀

利用害虫的趋味性,园间设置糖醋液(或食诱剂)诱杀金龟子类等害虫。

11.5.4 草把诱杀

秋季主干上绑草把,诱集美国白蛾、核桃瘤蛾等幼虫化蛹,将蛹杀死。翌年 3 月上旬前取下草把集中烧毁。

11.5.5 树干涂粘虫环带

草履蚧若虫开始上树前(一般 1 月底至 2 月初),在树干基部刮除老皮,涂宽约 15 cm 的环状粘虫胶带(粘胶配法:蓖麻油、松香粉为 1∶1,加热溶解即可应用),阻止若虫上树。

11.5.6 人工捕杀害虫

人工捕捉云斑天牛,砸云斑天牛卵槽,挖出刚入树干的幼虫;剪除黄刺蛾、褐边绿刺蛾虫茧;傍晚人工振落捕杀金龟子、核桃叶甲成虫;摘除大袋蛾越冬虫囊;摘捡落果和变黑果,集中焚毁,消灭核桃果象甲幼虫、羽化未出果的成虫和核桃举肢蛾幼虫;摘除群集危害的幼龄刺蛾、核桃缀叶螟虫叶并立即埋掉或将幼虫踩死;剪除豹蠹蛾、黄须球小蠹危害的新梢集中烧毁;发现 3 龄前美国白蛾幼虫网幕时将网幕连同小枝一起剪下,立即集中烧毁或深埋;春季土壤解冻时将根颈附近土壤翻开,将带有白色絮状物的草履蚧卵囊挖走烧毁。

11.6 生物防治

11.6.1 天敌治虫

用七星瓢虫、异色瓢虫、龟纹瓢虫、大草蛉等防治核桃黑斑蚜;用刺蛾紫姬蜂、爪哇刺蛾姬蜂、刺蛾广肩小蜂、上海青蜂、健壮刺蛾寄蝇等防治黄刺蛾、褐边绿刺蛾;用管氏肿腿蜂、花绒寄甲防治天牛类害虫;用周氏啮小蜂防治美国白蛾;用红环瓢虫、黑缘红瓢虫等防治草履蚧。

11.6.2 性诱捕器诱杀

利用美国白蛾、桃蛀螟等害虫的性信息素,设置性诱剂(诱芯)诱杀雄成虫。

11.6.3 生物源农药防治

应用金龟子绿僵菌等生物源农药防治虫害,防治方法详见附录 A。

11.7 化学防治

按照病虫害发生规律,在关键防治时期施药,减少施药量和次数,严格遵守农药安全间隔期。不同作用机理的农药交替使用、合理混用。防治方案参见附录 A。

12 采收及采后处理

12.1 采收时期

适时采收。成熟标准是果实青皮由深绿色、绿色逐渐变为黄绿色或浅黄色,一半以上果实顶部青皮易剥离。具体时间依品种而定。

12.2 采收方法

采用人工手摘或高枝剪采收,也可用带铁钩的竹竿或长木棒钩取。采收顺序应由上而下,由外而内顺枝进行。

12.3 采后处理

核桃果实采收后,装入网袋,整齐堆放在阴凉通风处,厚度 50 cm~150 cm,防雨淋。2 d~3 d 后使用核桃青皮脱皮机脱青皮,使用清洗机清洗坚果,坚果晾干或烘干至含水量≤7%。核桃产品应符合 NY/T 1042 的要求。

13 生产废弃物处理

核桃园落叶、修剪下的枝条和青皮,应进行无害化处理或粉碎后堆肥。农膜、农药包装等废弃物应统一回收处理或资源化利用,避免污染环境。

14 包装

产品包装应符合 NY/T 658 的要求,注明产地、品种、等级、数量、日期等信息。

15 储藏运输

产品储藏运输应符合 NY/T 1056 的要求。

运输工具应清洁卫生,防止害虫感染。应存放在绿色食品核桃专用库房或者库房区,储存场所应干燥、通风、清洁、卫生,并设置挡鼠板或捕鼠夹。防日晒,远离污染源。不得与有毒、有异味、有腐蚀性、潮湿的物品混储。产品应堆放在垫板上,且离地>10 cm、离墙>20 cm,中间留有通道。长期储藏宜0 ℃～5 ℃冷藏。

16 生产档案管理

建立绿色食品核桃生产档案,详细记录产地环境条件、生产资料使用、土肥水管理、病虫草害防治、采收储运、批次编码等信息。实现全程质量追溯管理。档案资料保存3年以上。

附　录　A

（资料性附录）

京津冀等地区绿色食品核桃生产主要病虫害防治方案

京津冀等地区绿色食品核桃生产主要病虫害防治方案见表 A.1。

表 A.1　京津冀等地区绿色食品核桃生产主要病虫害防治方案

防治对象	防治时期	农药名称	使用剂量	施药方法	安全间隔期,d
核桃黑斑病	坐果后	波尔多液	硫酸铜:生石灰:水＝1:0.5:200	喷雾	—
核桃炭疽病	6月—8月	40％多菌灵悬浮剂	400 倍～800 倍液	喷雾,果实硬核后到采果前半月,每隔15 d～20 d喷洒1 次,交替用药	28
		波尔多液	硫酸铜:生石灰:水＝1:2:200		—
核桃举肢蛾	成虫产卵盛期及幼虫初孵期	18％杀虫双水剂	500 倍～800 倍液	树冠喷雾,每隔 10 d～15 d喷 1 次,共喷 2 次	15
美国白蛾	虫卵盛期至2 龄～3 龄	18％杀虫双水剂	500 倍～800 倍液	树冠喷雾	15
云斑天牛	冬季或产卵前	石灰 5 kg、硫黄 0.5 kg、食盐 0.25 kg、水 20 kg 拌匀	—	涂刷树干基部	—
核桃缀叶螟	虫卵盛期至2 龄～3 龄	18％杀虫双水剂	500 倍～800 倍液	树冠喷雾	15
刺蛾类(洋辣子、刺毛虫、毛八角等)	5月—7月幼虫危害期	18％杀虫双水剂	500 倍～800 倍液	树冠喷雾	15
尺蠖(木橑尺蠖)	幼虫 3 龄前	金龟子绿僵菌CQMa421	500 倍～1000 倍液	喷雾	—

注:农药使用以最新版本 NY/T 393 的规定为准。

绿 色 食 品 生 产 操 作 规 程

GFGC 2023A250

秦巴山地生态区
绿色食品核桃生产操作规程

2023-04-25 发布

2023-05-01 实施

中国绿色食品发展中心 发布

前　言

本规程由中国绿色食品发展中心提出并归口。

本规程起草单位：甘肃省农业科学院农业质量标准与检测技术研究所、甘肃省绿色食品办公室、陇南市经济林研究院核桃研究所、四川省绿色食品发展中心、陕西省农产品质量安全中心、湖北省十堰市绿色食品办公室、甘肃省农业科学院林果花卉研究所、天水市麦积区农产品质量安全监测中心、天水市果树研究所、平凉市农业科学院、陇南市武都区核桃产业开发中心、中国绿色食品发展中心。

本规程主要起草人：李瑞琴、满润、辛国、于安芬、李涛、彭春莲、王璋、韩富军、巩芳娥、许文艳、汪国锋、钱永波、周晓康、刘赵帆、李展鹏、王刚、常春、宋晓。

秦巴山地生态区绿色食品核桃生产操作规程

1 范围

本规程规定了秦巴山地生态区绿色食品核桃的产地环境、品种选择、栽植、早期间作、田间管理、采收及包装、生产废弃物处理、储藏运输及生产档案管理。

本规程适用于湖北(十堰)、四川(广元、巴中)、陕西(商洛、汉中)、甘肃(陇南、天水)等地区绿色食品核桃的生产。

2 规范性引用文件

下列文件对于本文件的应用是必不可少的。凡是注日期的引用文件,仅注日期的版本适用于本文件。凡是不注日期的引用文件,其最新版本(包括所有的修改单)适用于本文件。

GB/T 20398   核桃坚果质量等级

GH/T 1354   废旧地膜回收技术规范

LY/T 3004   核桃标准综合体

NY/T 391   绿色食品   产地环境质量

NY/T 393   绿色食品   农药使用准则

NY/T 394   绿色食品   肥料使用准则

NY/T 658   绿色食品   包装通用准则

NY/T 1056   绿色食品   储藏运输准则

中华人民共和国农业农村部 生态环境部令 2020 年第 7 号   农药包装废弃物回收处理管理办法

3 产地环境

3.1 园址选择

建园时应远离城区、工矿区、交通主干线、工业污染源、生活垃圾场等,应具有较强的可持续生产能力,产地环境质量应符合 NY/T 391 的要求。

3.2 地形地势

选择北纬 30°～40°背风向阳的平地、丘陵地、缓坡地、坡台地或排水良好的沟坪地建园,坡度≤20°,避免在山谷、沟槽、风口处及低洼地栽植。

3.3 土壤条件

选择土层深厚、疏松肥沃的沙壤土、轻壤土和壤土,pH 6.5～8.0,有机质含量≥1.0%,地下水位≥2.0 m,土层厚度≥1.0 m,灌溉方便的地块。

3.4 气候条件

年平均气温 10 ℃～16 ℃,绝对最低温度≥−20 ℃,绝对最高温度≤40 ℃,无霜期 180 d～240 d,全年日照时数≥2 000 h,年降水量 400 mm～1 000 mm,年≥10 ℃积温≥3 000 ℃。

4 品种选择

4.1 选择原则

选择适应性广的优质、高产、抗病、抗寒、抗逆性强的品种。

4.2 良种选择

根据当地光热、水肥和管理条件选择适宜的良种,如清香、元林、红仁核桃、强特勒、香玲、辽宁 1 号、辽宁 4 号、土莱尔、维纳、陕核 5 号、盐源早、硕星、旺核 2 号、利丰等。栽植苗木选择良种嫁接苗,质量要达到Ⅰ级以上。

4.3 品种配置

主栽品种与授粉良种的比例为(8～10)∶1,在同一地块主栽品种不宜超过 3 个。

5 栽植

5.1 建园整地

核桃建园,干旱、瘠薄的山台地应在当地雨季前整地结束,立地条件好的地块可随整地随栽植。立地条件较好,适用于机械整地的平地或台田,栽植前挖沟宽和沟深均为 0.8 m～1.0 m 的栽植沟,沟长依园地情况而定;平地栽植挖长、宽、深均为 0.8 m 的树穴;缓坡地建园,沿等高线挖同样规格的树穴,栽植后坡地逐步修改成梯田。苗木栽植前,将挖出的表土与足量有机肥(按 1.0 t/亩～2.0 t/亩)施入混匀,回填穴中,待填至低于地表 20 cm 后,灌透水、沉实,覆土保墒。建园及栽植技术应符合 LY/T 3004 的要求。

5.2 栽植

5.2.1 栽植时间

春栽,宜在土壤解冻后至春季萌芽前;秋栽,宜在秋季落叶后至冬季上冻前。冬春严寒风大地区,适宜春栽。

5.2.2 栽植密度

5.2.2.1 纯园

早实品种株行距:(4 m～5 m)×(5 m～6 m),晚实品种株行距:(6 m～8 m)×(10 m～12 m)。

5.2.2.2 间作园

早实品种株行距:(5 m～6 m)×(6 m～8 m),晚实品种株行距:(6 m～8 m)×(10 m～12 m)。

5.2.3 栽植技术

栽植前,对过长、受损根系进行修剪,修剪量不超过总根系的 1/3,苗木根部浸泥浆水 24 h。栽植时,将苗木置于穴内中央,做到栽植端正,根系舒展,边埋土边踏实,埋土深度以高出原根际土痕 2 cm～4 cm 为宜。栽后修筑 1.2 m²～1.5 m² 的营养带,栽后立即灌足定根水,待水下渗后覆土保墒。灌水下渗后根颈与地面齐平,及时覆盖地膜。

6 早期间作

6.1 间作原则

宜选择矮生、不与核桃争肥水、不易发生同类病虫害的作物,作物高度≤1.2 m,注意留出营养带。

6.2 间作模式

6.2.1 果粮间作

主要作物有豆类、马铃薯、谷物、油菜、甘薯、花生等。

6.2.2 果药间作

主要药材有丹参、板蓝根、柴胡、生地、桔梗、薄荷等。

6.2.3 果草间作

主要种植长柔毛野豌豆、二月兰、鼠茅草、田菁、乌豇豆、绿豆、车轴草、黑麦草、羊角豆等夏季绿肥作物。

7 田间管理

7.1 栽后管理

7.1.1 定干除萌

早实核桃良种栽植后当年或第二年进行,晚实核桃栽后 2 年～3 年进行。定干高度依预培养树型而定。发芽后应及时抹除砧木萌芽。

7.1.2 越冬防寒

栽植 1 年~2 年幼树宜在越冬前进行树体防寒保护,可采用土埋、树干绑缚(纸、草绳等)、树干涂抹(聚乙烯醇、2 波美度~3 波美度石硫合剂等)等措施。

7.2 幼树期土肥水管理

7.2.1 土壤管理

7.2.1.1 土壤中耕

夏秋季结合灌水、施肥进行中耕除草,耕作深度 15 cm~20 cm,每年 2 次~3 次。

7.2.1.2 深翻扩穴

土壤条件较差的立地,在果实采收后至落叶前深翻 1 次,翻耕深度 40 cm~50 cm。土壤条件较好或深翻有困难的立地可浅翻,深度 20 cm~30 cm。结合施基肥进行。

7.2.2 施肥

7.2.2.1 施肥原则

肥料使用应符合 NY/T 394 的要求。以有机肥、微生物肥为主,化肥为辅,在保障核桃营养有效供给的基础上减少化肥用量,兼顾元素之间的比例平衡,有机氮与无机氮之比不超过 1∶1。开展测土配方,精准施肥,促进化肥减量增效。

7.2.2.2 施肥时期

基肥:果实采收后至落叶前尽早施入,以及春季解冻后至发芽前;追肥:萌芽前后追施 1 次,果实发育期追施 1 次;叶面喷施:果实发育期和硬核期各喷施 2 次~3 次。

7.2.2.3 施肥方法

7.2.2.3.1 环状施肥:围绕树冠投影外缘挖宽、深各 30 cm~40 cm 的环状沟,将肥料与表土混合均匀施入沟内,盖底土灌水。环状沟应逐年外移。

7.2.2.3.2 穴状施肥:以树干为中心至冠幅投影边线的 1/2 处挖穴施入肥料,封土灌水。

7.2.2.3.3 条状施肥:在行间或株间挖两条相互平行的条状沟,沟长可与冠径相等或为冠径 2/3 的沟,沟宽、深各 40 cm~50 cm,施肥后灌水覆土,每年轮换施肥沟位置。

7.2.2.4 施肥量

a) 基肥:基肥以腐熟的有机肥为主,施肥量幼树 25 kg/株~50 kg/株,初果期树 50 kg/株~100 kg/株。

b) 追肥:1 年~5 年生树,每平方米树冠投影面积施纯氮 50 g~100 g,纯磷和纯钾 30 g~60 g。

7.2.3 灌水与排水

7.2.3.1 灌溉时期

根据核桃植株对水分的需求和土壤水分状况适时适量灌溉,一般在春季萌芽前、果实发育期、采收后至土壤封冻前各灌 1 次水。

7.2.3.2 灌溉方式

灌溉方式可采取滴灌、树盘灌溉、漫灌、喷灌等。干旱地区及丘陵区可采用穴储肥水灌溉。水质应符合 NY/T 391 的要求。

7.2.3.3 灌溉量

栽后灌水,每穴至少灌水 40 kg 以上。

7.2.3.4 排水

降水量偏大的年份和降水量集中的季节,要疏通沟渠,排水防涝。

7.3 成龄期土肥水管理

7.3.1 土壤管理

参照 7.2.1。

7.3.2 施肥技术

7.3.2.1 施肥时间

参照 7.2.2.2。

7.3.2.2 施肥方法

参照7.2.2.3。

7.3.2.3 施肥量

a) 基肥:以腐熟的有机肥为主,盛果期树200 kg/株~250 kg/株。

b) 追肥:以叶面喷施为主,全年4次~5次,硬核期前2次,以氮肥为主;硬核期至果实成熟期2次~3次,以磷、钾肥为主,可补施核桃生长发育所需的微量元素。常用肥料浓度:尿素≤0.2%,磷酸二氢钾0.2%~0.3%,硼砂0.1%~0.3%,氨基酸类叶面肥600倍液~800倍液。最后一次叶面肥应在果实采收期前20 d喷施。

7.3.3 灌水与排水

参照7.2.3。

7.4 病虫害防治

7.4.1 主要病虫害种类

主要病害为核桃黑斑病、炭疽病、枝枯病、褐斑病、干腐病、溃疡病、腐烂病等;主要虫害有核桃举肢蛾、云斑天牛、横沟象、桑白蚧、刺蛾类、银杏大蚕蛾、核桃吉丁虫、芳香木蠹蛾、草履蚧、扁叶甲、黑绒金龟子等。

7.4.2 防治原则

坚持"预防为主,综合防治"的原则,采用农业措施、物理措施、生物措施和化学农药防控。合理使用高效、低毒、低残留化学农药。农药使用应符合NY/T 393的要求。

7.4.3 农业防治

选栽抗病、抗逆性强的优良品种;科学选址建园,优化种植结构;冬、春季剪除病虫枝、干枯枝,清除落叶、杂草,刮除树干老翘皮,集中烧毁或无害化处理,减少病虫源,降低病虫基数;冬春耕翻树盘、基部堆土、树盘覆膜、树干涂白,防草、防冻、减少越冬害虫基数;加强水肥管理,通过科学整形修剪、深耕施肥、核桃园生草、秸秆覆盖、增施有机肥、旱浇涝排、中耕除草等措施强壮树势,提高树体抗病虫能力;对受害严重且已经失去生产能力的核桃树,及时砍伐烧毁,消灭病虫源;采用灌水法和挖掘法消灭鼠害。

7.4.4 物理防治

7.4.4.1 灯光诱杀

成虫发生期,使用太阳能黑光灯诱杀云斑天牛、芳香木蠹蛾、刺蛾类害虫的成虫。

7.4.4.2 粘虫板、诱虫带

使用粘虫板、诱虫带等诱杀有翅蚜虫、草履蚧等害虫。

7.4.4.3 人工措施

对发生较轻、危害中心明显及有假死性的害虫,采用人工捕杀;也可悬挂害虫尸体,利用气味趋避,减轻危害。对腐烂病可采用人工刮除病斑等方法;进行树干涂白,既可防控蛀干害虫,又可预防冻害。

7.4.5 生物防治

充分保护和利用天敌防治害虫,如利用瓢虫、草蛉、食蚜蝇等防治蚜虫;林间套种对害虫具有趋避作用的植物;利用啄木鸟等以鸟治虫的方法。

7.4.6 化学防治

根据病虫害发生规律进行化学防治,以防为主,农药使用以矿物源、植物源和生物源农药为主,采取轮换使用或混用方式,避免连续施用单一农药。防治方案参见附录A。

7.5 整形与修剪

7.5.1 整形

7.5.1.1 定干

栽植当年或第二年定干,定干高度≥120 cm。栽植后3年~5年完成整形。

7.5.1.2 树型培养

a) 主干疏散分层形：主干高 100 cm～120 cm,树高 4.5 m～6.0 m。全树 5 个～7 个主枝,分 2 层～3 层,层间距 80 cm～100 cm。基部 3 个主枝,第 2、第 3 层各留 2 个主枝。基部 3 个骨干枝最多可留 1 个侧枝,其他各层骨干枝不留侧枝。

b) 单层高位开心形：主干高 100 cm～120 cm,树高 3.5 m～4.5 m。主干不同方位选留 3 个～5 个主枝,向上每间隔 15 cm～20 cm 插空排列 6 个～8 个单轴结果大枝,2 年～4 年更新 1 次。

c) 纺锤形：主干高 110 cm～150 cm,树高 5.0 m～6.0 m。均匀着生 8 个～12 个骨干枝,骨干枝开张角度在 80°～100°。下层骨干枝略大于上层骨干枝,树冠下大上小,呈纺锤形。

7.5.2 修剪

7.5.2.1 修剪时期

冬季修剪在落叶后至春季萌动前,常在 11 月下旬至翌年 3 月上旬进行;夏季修剪在萌芽后至秋季落叶前,宜在 4 月中旬至 8 月中旬进行。

7.5.2.2 修剪方法

7.5.2.2.1 主干疏散分层形

a) 中心干和主枝选留。选择健壮方向竖直(基角约 90°)的主枝为中心干,并选留 3 个不同方位(水平夹角 120°)、相邻枝间距 30 cm～40 cm 生长健壮的枝条培养成第 1 层主枝,主枝基角≥60°,腰角 70°～80°,梢角 60°～70°,其余枝条全部疏除;第 2 层主枝和第 3 层主枝按照第 1 层主枝要求,选留 3 个不同方位生长健壮枝条培养成每层主枝,层间距 120 cm～150 cm,各层主枝交错选留,避免重叠。

b) 侧枝选留。第 1 层主枝各选留侧枝 3 个,第 2 层各主枝选留 2 个～3 个,第 3 层各主枝选留 1 个～2 个;第 1 侧枝距中心干 50 cm,第 2 侧枝距第一侧枝 50 cm,第 3 侧枝距第 2 侧枝 80 cm,侧枝与主枝的夹角 45°～55°,各级侧枝选留斜生枝,忌留背下枝,交错排列。

7.5.2.2.2 幼树期

疏除过密枝、交叉枝、重叠枝、背下枝、干枯枝和病虫枝,中度(剪除 1/2)或轻度(剪除 1/3 或 1/4)短截发育枝,使短枝数量占总枝量的 30% 左右,并在树冠内均匀分布。

7.5.2.2.3 结果初期

去强留弱或先放后缩,放缩结合,防止结果部位外移。疏除影响主、侧枝的辅养枝,二次枝摘心或短截,培养结果枝组,使结果枝数量占总枝量的 10% 左右。

7.5.2.2.4 盛果期

a) 骨干枝和外围枝修剪:轻度(剪除 1/3 或 1/4)回缩过弱的骨干枝,疏除过密弱小外围枝,有营养空间的也可短截外围枝。

b) 结果枝组培养:轻度(剪除 1/3 或 1/4)回缩大、中型辅养枝,去直留平斜发育枝,拉平及摘心徒长枝,培养大、中、小型结果枝组,枝组间距离保持 80 cm 左右,并均匀分布在各级主、侧枝上,使结果枝与营养枝的比例为 3:1。

c) 结果枝组更新:轻度(剪除 1/3 或 1/4)回缩过旺大型枝组,中度(剪除 1/2)回缩过弱大型和中型枝组,疏除弱小枝组,保持中庸树势。

7.5.2.2.5 衰老期

a) 主枝更新:选择健壮主枝,保留 60 cm～100 cm,锯除其余部分,促其萌发新枝,每个主枝不同部位选留 2 个～3 个健壮枝条,培养成一级侧枝。

b) 侧枝更新:选择 2 个～3 个侧枝,在每个有强旺分枝前部 3 cm～5 cm 处剪截,重回缩明显衰弱侧枝和大型结果枝组,疏除病虫枝、干枯枝和下垂枝。

c) 更新枝处理:加强更新树田间土肥水管理,尽快恢复树势。

其他树型参照上述方法进行修剪。

8 采收与包装

8.1 采收及采后处理

8.1.1 采收适期

壳厚≤1.1 mm 的应在果实青皮由绿色逐渐变为黄绿色、一半以上果实顶部青皮离壳时采收;壳厚>1.1 mm 的应在全树 1/4 果实青皮开裂时采收。

8.1.2 采收方法

应分品种采收,小树可直接采摘,大树用长竹竿或长木竿敲击着生果实的枝条或直接击落果实。敲打时应从上至下,从内向外,顺枝进行,避免损伤枝芽。

8.1.3 采后处理

8.1.3.1 脱青皮

果实采收后,在 0.3%~0.5%乙烯利溶液中浸泡约 30 s,装入网袋,整齐堆放在阴凉通风处,厚度 100 cm~130 cm,防雨淋,堆放 2 d~3 d;或自然堆放 5 d~7 d后,青皮离壳时,可采用手工脱青皮或转筛式、滚筒式脱皮机脱青皮。

8.1.3.2 清洗

8.1.3.2.1 人工清洗

将脱皮后的坚果装筐,把筐放入水池或流水中,用竹扫帚搅洗,对个别果面污染严重的,可用刷子逐个刷洗,直至果壳干净。

8.1.3.2.2 机械清洗

将刚脱皮的坚果倒入清洗槽内,使用机械清洗机清洗,开机清洗 10 min~15 min,用水冲淋 2 次~3 次。

8.1.4 干燥

8.1.4.1 晾晒

先将清洗好的坚果摊放在芦席或竹席上阴干半天,不可直接放在阳光下暴晒,避免果壳开裂。晾晒时摊放厚度不宜超过两层果,要经常翻动,经过 5 d~7 d 即可晾干。

8.1.4.2 机械干燥

批量核桃干燥时,将脱皮清洗好的核桃坚果双层平铺烘烤托盘中,置于方钢焊接的架子上,采取热风干燥等智能烘干设备进行烘干。烘干时最高温度不宜高于 43 ℃。

8.1.4.3 坚果干燥标准

坚果碰敲声音脆响,隔膜易于用手折断,坚果含水量≤7%。

8.1.5 分级

核桃坚果和核桃仁的质量及分级应符合 GB/T 20398 的要求。

8.2 包装标识标签

包装标识标签应符合 NY/T 658 的要求。

9 生产废弃物处理

残枝、落叶、青皮及污水统一收集并进行无害化处理;按照 GH/T 1354 的规定及时清除残膜;农药包装废弃物的回收处理按照中华人民共和国农业农村部 生态环境部令 2020 年第 7 号的规定执行。

10 储藏运输

10.1 储藏

储藏于通风、干燥、阴凉、清洁的仓库内,不得与有毒、有异味、有腐蚀性、潮湿的物品混储,应堆放在垫板上,且离地应≥10 cm、离墙≥20 cm,中间留通道。当环境温度≥15 ℃、储藏期≥1 个月时,宜在温度 0 ℃～5 ℃、相对湿度≤70％条件下冷藏。

10.2 运输

运输工具应清洁、无污染物，不得与有毒、有害物品混运。运输过程中应防压、防潮、防雨淋等。储藏运输应符合 NY/T 1056 的要求。

11 生产档案管理

建立绿色食品核桃生产档案，应详细记录产地环境质量、品种苗木、栽植与修剪技术、土肥水管理、病虫害的发生和防治、采收及采后处理、储藏运输等，记录至少保存 3 年以上。

附　录　A

（资料性附录）

秦巴山地生态区绿色食品核桃生产主要病虫害防治方案

秦巴山地生态区绿色食品核桃生产主要病虫害防治方案见表 A.1。

表 A.1　秦巴山地生态区绿色食品核桃生产主要病虫害防治方案

防治对象	防治时期	农药名称	使用剂量	施药方法	安全间隔期,d
黑斑病	发芽前	石硫合剂	3 波美度～5 波美度	喷雾	—
	雌花开放前后	波尔多液	1∶0.5∶200		—
炭疽病	6 月—8 月	波尔多液	1∶2∶200	喷雾	—
云斑天牛	成虫产卵期	50％辛硫磷乳油	800 倍～1 000 倍液	喷雾	14
	幼虫危害期	50％辛硫磷乳油	200 倍液	蛀孔注射	14
横沟象（根象甲）	5 月—7 月	50％辛硫磷乳油	1 000 倍液	树冠、根颈喷雾	14
注:农药使用以最新版本 NY/T 393 的规定为准。					

绿 色 食 品 生 产 操 作 规 程

GFGC 2023A251

云 贵 川 地 区
绿色食品核桃生产操作规程

2023-04-25 发布 2023-05-01 实施

中国绿色食品发展中心 发布

前　言

本规程由中国绿色食品发展中心提出并归口。

本规程起草单位：云南省林业和草原科学院、云南省绿色食品发展中心、昆明市农产品质量安全中心、云南省农业科学院质量标准与检测技术研究所、曲靖市绿色食品发展中心、中国绿色食品发展中心、四川省绿色食品发展中心、贵州省绿色食品发展中心。

本规程主要起草人：马婷、杨红朝、刘娇、丁永华、钱琳刚、宁德鲁、王祥尊、潘莉、肖良俊、张艳丽、王高升、吴涛、廖永坚、周雪芳、吕硕、江波、徐俊、刘宏程、李聪平、马雪、周熙、代振江。

云贵川地区绿色食品核桃生产操作规程

1 范围

本规程规定了云贵川地区绿色食品核桃生产的产地环境、品种及苗木选择、栽植、田间管理、采收及采后处理、生产废弃物处理、储藏运输及生产档案管理。

本规程适用于四川、贵州、云南高原地区绿色食品核桃的生产。

2 规范性引用文件

下列文件对于本文件的应用是必不可少的。凡是注日期的引用文件,仅注日期的版本适用于本文件。凡是不注日期的引用文件,其最新版本(包括所有的修改单)适用于本文件。

GB/T 191 包装储运图示标志

GB 5226.1 机械电气安全 机械电气设备 第1部分:通用技术条件

GB 8978 污水综合排放标准

GB/T 20398 核桃坚果质量等级

GB/T 32950 鲜活农产品标签标识

NY/T 391 绿色食品 产地环境质量

NY/T 393 绿色食品 农药使用准则

NY/T 394 绿色食品 肥料使用准则

NY/T 658 绿色食品 包装通用准则

NY/T 1056 绿色食品 储藏运输准则

3 产地环境

3.1 产地选择

选择生态环境良好、远离工矿、无污染的地区,海拔1 000 m～2 400 m,坡度≤25°的阳坡或半阳坡。土层厚度≥1.0 m,地下水位≤1.5 m,通透性良好,pH 5.5～6.5的沙壤土、轻壤土或壤土。产地环境条件应符合NY/T 391的要求。

3.2 气候条件

年平均温度13 ℃～17 ℃,最冷月平均气温5 ℃～10 ℃,极端最低温度大于－5 ℃,全年日照时数在1 600 h以上,年降水量≥800 mm的地区。

4 品种及苗木选择

4.1 品种选择

4.1.1 品种配置

根据种植区域气候环境和核桃生长特点,选择适宜栽培的审(认)定良种。所选品种应具有丰产、抗病、抗虫、避晚霜等特性。主栽品种与授粉品种比例宜10∶1,同一园地内不宜超过3个品种。

4.1.2 推荐品种

——云南:漾濞泡核桃、大姚三台核桃、昌宁细香核桃、云新高原、云新云林、鲁甸大麻1号核桃、鲁甸大麻2号核桃等;

——四川:川早1号、川早2号、盐源早、旺核2号、青川1号、晁漾、云新云林等;

贵州:漾濞泡核桃、黔林核1号、黔林核2号、黔林7号等。

4.2 苗木选择

选用品种纯正、生长健壮、无病虫、无机械损伤、地径 1.0 cm～1.3 cm、苗高 40 cm～60 cm、Ⅰ 级侧根数≥8 条、根长≥10 cm、无检疫对象的嫁接苗。

5 栽植

5.1 整地

栽植前 2 个～3 个月进行整地。坡地按等高线整成台地,台宽 2 m～3 m,台面内斜,内设背沟,沟宽 40 cm、深 20 cm。台面深翻,表土还原后挖穴,也可进行穴状或带状整地;平地深翻整平后挖穴,挖穴时表土和心土分开放置。定植穴不小于 80 cm×80 cm×80 cm。

5.2 定植

5.2.1 定植时间

宜在 12 月至翌年 2 月定植。

5.2.2 定植密度

早实核桃每亩栽植 22 株～33 株,晚实核桃每亩栽植 8 株～12 株。

5.2.3 定植方法

定植前将表土回填至定植穴 1/3,将腐熟农家肥 30 kg～50 kg、过磷酸钙 3 kg～5 kg 与表土充分混匀,回填至穴内。定植时,将苗木置于定植穴中央,栽直扶正,保持根系舒展,边回土边踏实,回土深度高出原根际土痕 10 cm 以上。栽后浇足定根水,覆土保墒,沿定植穴修筑树盘,覆盖地膜,细土压实膜周围。

6 田间管理

6.1 土壤管理

幼树期核桃园选用矮秆的豆科作物或绿肥间作;核桃园郁闭度 0.3～0.5 时选择耐阴植物间作,郁闭度 0.6～0.8 时选择喜阴植物间作。未间作的核桃园,每年 5 月—8 月松土除草,除草次数视具体情况而定。

6.2 施肥

6.2.1 施肥原则

采用测土配方施肥,以有机肥为主,合理使用化学肥料,肥料使用应符合 NY/T 394 的要求。

6.2.2 施肥方法

主要采用环状或穴状施肥:
——环状施肥:以树冠投影线外缘挖环状沟,将肥料与表土混合均匀施入沟内后覆土。
——穴状施肥:以树干为中心,从冠径 1/2 处到树冠边缘挖穴,将肥料施入穴中后覆土。

6.2.3 施肥时间和施肥量
6.2.3.1 基肥

在果实采收后到落叶前,施入腐熟农家肥:
——幼树期:20 kg/株～40 kg/株为宜;
——结果期:60 kg/株～150 kg/株为宜。

6.2.3.2 追肥

2 月中旬至 3 月底,幼龄树施尿素 80 g/株～150 g/株,挂果树施尿素 300 g/株～500 g/株为宜;6 月下旬,幼龄树施复合肥 200 g/株～300 g/株,挂果树施高磷、钾复合肥 500 g/株～800 g/株为宜。

6.2.3.3 叶面肥

5 月中旬喷施 1 次～2 次 0.3% 尿素,7 月下旬喷施 1 次～2 次 0.3% 磷酸二氢钾。

6.3 水分管理

6.3.1 灌溉

幼树在生长发育期适时灌溉,确保成活;挂果树在萌芽前及开花期,根据土壤墒情各灌溉 1 次～2 次,坐果期至果实膨大期根据土壤墒情灌溉 2 次～3 次。灌溉用水水质应符合 NY/T 391 的要求。

6.3.2 排水

雨季地势低洼的地方要及时排涝。

6.4 树体管理

6.4.1 定干整形

栽植当年或第二年进行定干,早实核桃定干高度 0.8 m～1 m,晚实核桃定干高度 1.2 m～1.5 m。树型宜采用疏散分层形、开心形和自然圆头形。

6.4.2 修剪

6.4.2.1 修剪时间

冬季修剪在秋季落叶后至春季萌动前进行;夏季修剪可在 5 月中旬至 6 月中旬进行。

6.4.2.2 修剪方法

根据树体发育阶段及生长情况进行修剪:

——幼树期:定植后 2 年～4 年以培养树型为主,根据所需树型进行修剪;

——结果期:疏除过密枝、重叠枝、交叉枝、徒长枝、细弱枝及病虫枝,改善通风透光条件;

——衰老期:当树势开始衰弱时,在大枝中部或中上部选留方向好、角度适宜的壮枝或徒长枝,控制其生长,培养更新枝。

6.5 疏雄

在雄花芽刚开始萌动时,在树冠不同部位保留 5%～10%的花芽,其余的采用物理方式全部疏除。

6.6 病虫害防治

6.6.1 防治原则

坚持"预防为主,综合防治"的原则,推广使用绿色防控技术,优先采用农业措施、物理防治、生物防治,科学合理采用化学防治方法。以保持和优化核桃园生态系统为基础,建立有利于各类天敌繁衍和不利于病虫害滋生的环境条件,提高生物多样性,维持生态系统平衡。

6.6.2 常见病虫害

病害主要有炭疽病、黑斑病、膏药病、白粉病等,虫害主要有尺蠖、刺蛾等。

6.6.3 防治措施

6.6.3.1 农业防治

选用抗病虫核桃品种,实施种苗检疫,培育壮苗,加强管理,清洁果园,间作套种等;及时清除病虫枝叶及易滋生害虫的杂草,控制病虫害源。

6.6.3.2 物理防治

利用人工捕捉或使用器械阻止、诱集、震落等手段消除害虫。根据害虫生物学特性,采用灯光、色板、性诱剂和食物诱杀害虫。

6.6.3.3 生物防治

利用白僵菌、绿僵菌等微生物及寄生蜂、花绒寄甲等天敌昆虫对病虫害进行控制。

6.6.3.4 化学防治

以矿物源、植物源或生物源农药为主,农药使用按 NY/T 393 的规定执行。防治方案参见附录 A。

7 采收及采后处理

7.1 采收

7.1.1 采收时期

当核桃果实青皮由深绿色变为黄绿或淡绿色,全树果实有 1/3～1/2 的青皮开裂时即可采收。

7.1.2 采收方法

7.1.2.1 人工采收

用竹竿或有弹性的软木杆,从内向外、从上到下顺枝轻敲果枝,不应损伤枝芽。

7.1.2.2 机械采收

用机械振动核桃树干使果实震落,注意保护枝干。

7.2 采后处理

7.2.1 果实分类

采收后按青皮核桃、裂皮核桃和离皮核桃分类堆放。

7.2.2 脱青皮

7.2.2.1 青皮核桃

——沤堆脱皮:按50 cm厚度堆放在室内阴凉通风处,上覆不低于10 cm厚的麻袋,3 d～5 d后用刀具将青皮剥离、刮净,不能剥离的继续堆沤2 d～3 d后再剥离。

——乙烯利脱皮:将青果浸泡于300 mg/kg～500 mg/kg乙烯利溶液中1 min后,按50 cm厚度堆放于室内或阴凉通风处,上覆10 cm厚干草,2 d～3 d即可手工脱皮。

——机械脱皮:坚果壳厚≥0.8 mm的核桃可采用转筛式脱皮机、滚筒式脱皮机进行机械脱青皮。

7.2.2.2 裂皮核桃

裂皮核桃采收后,堆放不超过2 d,通过切削、划破、挤压、搓碾、刷磨等方式及时去除核桃表皮。

7.2.3 漂洗

7.2.3.1 漂洗用水

水质应符合NY/T 391的要求。

7.2.3.2 漂洗方法

核桃漂洗的主要方法如下:

——机械漂洗:将适量脱皮果放入洗果机中,待壳面基本干净再下槽沥干。漂洗设备的安全、性能要求应符合GB 5226.1的要求。

——手工漂洗:将脱皮果装入筐中置于流水或清水池中,搅拌冲洗。洗涤3次～5次,将残留青皮洗掉即可。

7.2.4 干燥

采用热风干燥或自然晾晒进行干燥,干燥后核桃仁含水率≤6%。

8 生产废弃物处理

8.1 枝条、落叶

清园时将枯枝、落叶、杂草、树皮等集中清理出果园,进行沤肥、深埋;每年整形修剪下来的枝梢可开展综合利用。

8.2 青皮

青皮经堆积发酵后可作为有机肥,或制造核桃青皮生物炭,提取青皮色素及各种活性成分制成药品。

8.3 地膜、农药包装

生产中使用的地膜、农药及肥料包装袋(瓶)等,按指定地点存放,并定期处理,不得随地乱扔,避免对土壤和水源造成二次污染。建立农药瓶(袋)回收机制,统一销毁或二次利用。

8.4 污水

漂洗核桃果后的污水可进行沉淀、过滤后循环利用,或在排污口建设污水处理三级沉淀池,将污水沉淀处理后再排放,排放标准应符合GB 8978的要求。

9 储藏运输

9.1 储藏条件

青皮核桃冷藏库的库温在 0 ℃～1 ℃,湿度 85%～95%;坚果储藏库的库温在 15 ℃～18 ℃,湿度 55%～60%。

9.2 储藏管理

储藏期间定时观测和记录储藏温度、湿度,维持储藏条件在规定的范围内;储藏库内气流应通畅,适时对库内气体进行通风换气。

9.3 出库

根据储藏期限或市场需求出库,出库产品应保持正常的感官和食用品质。

9.4 分级和包装

按照 GB/T 20398 的标准对核桃坚果进行分级,标签应符合 GB/T 32950 的要求,标志应符合 GB/T 191 的要求,包装应符合 NY/T 658 的要求。

9.5 运输

运输工具应洁净、干燥、无污染、无异味,防雨防潮、防晒、防挤压。不应与有毒、有害或有异味的物品混装混运。青皮核桃采用低温运输,温度保持 0 ℃～4 ℃为宜。运输应符合 NY/T 1056 的要求。

10 生产档案管理

针对绿色食品核桃的生产过程,建立生产档案。记录产地环境、品种及苗木选择、栽植、田间管理、采收及采后处理、生产废弃物的处理、储藏运输等措施,做到核桃产品生产可追溯,记录保存不少于 3 年。

附　录　A

（资料性附录）

云贵川地区绿色食品核桃生产主要病虫害防治方案

云贵川地区绿色食品核桃生产主要病虫害防治方案见表 A.1。

表 A.1　云贵川地区绿色食品核桃生产主要病虫害防治方案

防治对象	防治时期	农药名称	使用剂量	施药方法	安全间隔期,d
白粉病	冬春季休眠期	29％石硫合剂水剂	35 倍液	喷雾	14
黑斑病、炭疽病	发病初期	50％多菌灵可湿性粉剂	400～800 倍液	喷雾	28
膏药病	发病初期	自制波尔多液	硫酸铜、生石灰、水比例为 1∶1∶1 200	喷雾	14
刺蛾	发生期	40％辛硫磷乳油	2 000 倍～4 000 倍液	喷雾	15
尺蠖	发生期	80 亿孢子/mL 金龟子绿僵菌 CQMa421 可分散油悬浮剂	500 倍～1 000 倍液	喷雾	15
注:农药使用以最新版本 NY/T 393 的规定为准。					

绿 色 食 品 生 产 操 作 规 程

GFGC 2023A252

新 疆 地 区
绿色食品核桃生产操作规程

2023-04-25 发布

2023-05-01 实施

中国绿色食品发展中心 发布

前　言

本文件按照GB/T 1.1—2020《标准化工作导则　第1部分:标准化文件的结构和起草规则》的规定起草。

本文件由中国绿色食品发展中心提出并归口。

本文件起草单位:新疆维吾尔自治区农产品质量安全中心、新疆维吾尔自治区标准化研究院、和田地区林业和草原局、喀什地区瓜果蔬菜产业发展中心、中国绿色食品发展中心、温宿县天山红林果业农民专业合作社。

本文件主要起草人:于培杰、阿衣努尔·尤里达西、玛依拉·赛吾尔丁、李瑜、买买提托合提·艾合买提、阿不力米提·阿不都热西提、宋晓、赵芙蓉、李奎、王屏杰。

新疆地区绿色食品核桃生产操作规程

1　范围

本规程规定了新疆地区绿色食品核桃的产地环境、园地选择、品种、定植、嫁接、树体管理、土肥水管理、有害生物防治、采收、包装、储藏运输、生产废弃物管理和生产档案管理。

本规程适用于新疆地区绿色食品核桃生产。

2　规范性引用文件

下列文件对于本文件的应用是必不可少的。凡是注日期的引用文件，仅注日期的版本适用于本文件。凡是不注日期的引用文件，其最新版本（包括所有的修改单）适用于本文件。

NY/T 391　绿色食品　产地环境质量

NY/T 393　绿色食品　农药使用准则

NY/T 394　绿色食品　肥料使用准则

NY/T 658　绿色食品　包装通用准则

NY/T 1042　绿色食品　坚果

NY/T 1056　绿色食品　储藏运输准则

3　术语和定义

本文件没有需要界定的术语和定义。

4　产地环境

应符合 NY/T 391 的要求。

5　园地选择

5.1　园地条件

5.1.1　地势平缓，水源充足，防护林带健全，交通方便。

5.1.2　土层厚在 1 m 以上，土壤为沙壤土、沙土或壤土，土壤 pH 7.5～8.2，总盐量低于 0.25％，地下水位低于 2 m。

5.2　气候条件

年平均气温在 9 ℃以上，极端低温≥－25 ℃，极端高温≤38 ℃，年无霜期 180 d 以上，年日照时数＞1 800 h。

6　品种

以温185、新新2号、新丰、扎343等品种为主。农林间作栽培新丰、扎343品种为主，密植集约栽培温185、新新2号品种为主。

7　定植

7.1　苗木选择

应选择主根发达、侧根完整、无病虫害、枝干充实并无机械损伤的实生苗。

7.2 定植时间

春植在土壤解冻后至苗木萌芽前都可栽植,宜为 3 月下旬至 4 月上旬;秋植在土壤结冻前进行,宜为 10 月底至 11 月中旬。

7.3 定植密度

园式集约栽培初植间距为 3 m×5 m、4 m×6 m、5 m×6 m,每亩 22 株～56 株。农林间作栽培初植间距为 4 m×6 m、5 m×8 m、6 m×8 m、8 m×10 m、每亩 11 株～26 株。

7.4 定植要求

采用沟植法,栽植坑的规格为 60 cm×60 cm×60 cm 或 80 cm×80 cm×80 cm 或 100 cm×100 cm×100 cm,坑底应施入有机肥 15 kg～20 kg,掺土混合,上面再放 20 cm～30 cm 厚的表土,在表土上定植,栽后踏实并及时浇水。

8 嫁接

8.1 插皮舌接

8.1.1 适用范围

嫁接口直径≤10 cm。

8.1.2 嫁接时间

砧木树展叶初期。

8.1.3 嫁接方法

8.1.3.1 接穗基部 4 cm～5 cm 削成马耳形,动作干净利落、削面平滑不起毛。

8.1.3.2 砧木截面削平,自砧木截面以下 5 cm～6 cm 处,自下而上由浅到深削刀,上端深至形成层。

8.1.3.3 将已削好接穗的马耳部分皮层与其木质部分离,把接穗马耳形木质部插入砧木木质部与皮层之间,接穗分离的马耳形皮层贴合于砧木削面上,然后用细绳将接穗牢牢捆绑固定于砧木上。

8.1.3.4 砧木嫁接口用地膜包裹严实,上层覆盖黑色塑料布遮光,下部用细麻绳绑严绑实以免透气。

8.1.3.5 插接数量根据改优树嫁接口直径大小确定,宜 1 个～3 个,多干、多枝嫁接,不宜超过 10 个～12 个接穗。

8.1.3.6 嫁接后 10 d 内不应浇水。

8.1.4 嫁接后管理

8.1.4.1 采取预留拉水枝、嫁接部位下割伤树皮及断(部分)根等项措施,防止伤流。

8.1.4.2 未接活枝,选留 2 个或 3 个位置较好的萌芽,后期补芽接。

8.1.4.3 当嫁接新枝长至 30 cm～40 cm 时,绑支架保护。

8.2 多头芽接

8.2.1 适用范围

嫁接口直径＞10 cm。

8.2.2 嫁接时间

5 月下旬至 6 月上旬。

8.2.3 嫁接方法

8.2.3.1 重回缩刺激新发壮旺枝

春季根据具体情况多头重回缩主、侧枝,树龄偏大,主枝基径＞8 cm,回缩侧枝不回缩主枝,回缩位置为侧枝与主枝分叉处 20 cm～50 cm 处;树龄不大,主枝基径＜8 cm,回缩位置为主枝与主干分叉 20 cm～30 cm 处。

8.2.3.2 多枝、多位芽接

8.2.3.2.1 5 月下旬至 6 月中旬,新长枝条已半木质化,接穗芽体发育饱满,即可嫁接。

8.2.3.2.2 嫁接前一周浇足水；芽接前依据着生位置对重回缩后新发壮旺枝条有选择地疏除与保留,每主枝或侧枝上保留 2 个或 3 个新枝即可,保留新枝应位置合理、错落有致。

8.2.3.2.3 芽接位置选择新发枝下部外侧比较光滑处,对其上保留 1 枝复叶后短截,下部叶全部去掉。

8.2.3.2.4 每枝可接 1 个~2 个芽,位置均选左右外侧,上下错开,芽接方法采用方块芽接或双开门芽接。

8.2.4 嫁接后管护

8.2.4.1 嫁接期及嫁接后 7 d 不应灌水；及时抹除砧木枝干上萌发的萌蘖,接后 10 d~15 d,检查是否成活,未成活及时补接。

8.2.4.2 新梢长至 20 cm 左右时适时松绑,及时设立防风支架。接后 15 d 追施 1 次以氮肥为主的无机肥,间隔 20 d,促进接芽营养生长。

8.2.4.3 接芽新梢长至 60 cm~80 cm 长时及时进行打顶摘心。8 月下旬开始控水控肥,减缓营养生长,促进新枝木质化程度提高。

9 树体管理

9.1 常用树型整形

9.1.1 主干疏散分层形

干高 100 cm~120 cm,树高 4.5 m~6 m。全树 5 个~7 个主枝,分 2 层~3 层,层间距 80 cm~100 cm。基部三主枝,第 2 层、第 3 层各留 2 个主枝。基部 3 个骨干枝最多可留 1 个侧枝,其他各层骨干枝不留侧枝。

9.1.2 单层高位开心形

干高 100 cm~120 cm,树高 3.5 m~4.5 m,主干不同方位留 3 个~5 个主枝,向上每间隔 15 cm~20 cm 插空排列 6 个~8 个单轴结果大枝,2 年~4 年更新 1 次。

9.1.3 纺锤形

干高 110 cm~150 cm,树高 5 m~6 m,均匀着生 8 个~12 个骨干枝,骨干枝开张角度为 80°~100°。下层骨干枝略大于上层骨干枝,树冠下大上小,呈纺锤形。

9.2 修剪

9.2.1 修剪时间

9.2.1.1 冬季修剪:应在秋季落叶后至春季萌动前进行,宜在 11 月下旬至翌年 3 月上旬。

9.2.1.2 春季修剪:应在萌芽后进行,宜在 4 月中旬至 5 月上旬。

9.2.1.3 夏季修剪:应在秋季落叶前进行,宜在 6 月中旬至 8 月中旬。

9.2.1.4 秋季修剪:在核桃采收后,9 月下旬至 10 月中旬。

9.2.2 修剪技术

9.2.2.1 幼树修剪技术

9.2.2.1.1 控制二次枝:对着生位置不适的二次枝,从基部剪除；结果枝上生长的二次枝,如是多个则去弱留强,如是一个则夏季摘心,以培养结果枝组；延长枝上生长的二次枝,夏季摘心,促其分枝和木质化。

9.2.2.1.2 利用徒长枝:幼树徒长枝发生部位多在 1 年~3 年生枝条基部。具有年生长量大,第 2 年可抽生结果枝等特点。可通过摘心和轻度短截,以培养结果枝(组)。

9.2.2.1.3 营养枝处理:以长放或轻剪为宜,对直立又粗、长枝应进行拉枝处理,缓和其生长势。

9.2.2.1.4 疏除过密枝、下垂枝:及时疏除过密枝,下垂枝(又称背下枝)。

9.2.2.2 结果园(树)修剪技术

9.2.2.2.1 疏枝:对结实率低,生长弱的内膛枝条应剪除。

9.2.2.2.2 利用徒长枝:当结果枝干枯或衰弱时,可通过重剪,促其基部隐芽萌生徒长枝,经长放或轻剪,培养新的结果枝(组)。

9.2.2.2.3 二次枝处理:对树冠外围生长的二次枝进行短截,促其萌发侧枝开花结果,对内膛萌发的二次枝疏除。

9.2.2.2.4 主、侧枝修剪:早实类核桃大量结果后,主、侧枝角度变缓,呈衰弱趋势,可应用回缩修剪技术促进萌发新枝,抬高分枝角度,逐步更新复壮主、侧枝。

9.2.3 修剪方法

9.2.3.1 主干疏散分层形:

9.2.3.1.1 中心干和主枝选留:选择健壮方向竖直(基角约90°)的主枝为中心干,并选留3个不同方位(水平夹角约120°)、相邻枝间距30 cm~40 cm生长健壮的枝条培养成第1层主枝,主枝基角≥60°,腰角70°~80°,梢角60°~70°,其余枝条全部疏除;第2层主枝和第3层主枝按照第1层主枝要求,选留3个不同方位生长健壮枝条培养成每层主枝,层间距120 cm~150 cm,各层主枝交错选留,避免重叠。

9.2.3.1.2 侧枝选留:第1层各主枝选留侧枝3个,第2层各主枝选留2个或3个,第3层各主枝选留1个或2个;第1侧枝距中心干50 cm,第2侧枝距第1侧枝50 cm,第3侧枝距第2侧枝80 cm,侧枝与主枝的夹角45°~55°,各级侧枝应为斜生枝,不应为背下枝,交错排列。

9.2.3.2 幼树期修剪

应疏除过密枝、交叉枝、重叠枝、背下枝、干枯枝和病虫枝,中度(剪除1/2)或轻度(剪除1/3或1/4)短截发育枝,使短枝数量占总枝量的30%左右,并在树冠内均匀分布。

9.2.3.3 结果初期树修剪

应去弱留强,或先放后缩,放缩结合,防止结果部位外移。疏除影响主、侧枝的辅养枝,二次枝摘心或短截,培养结果枝组,使结果枝数量占总枝量的10%左右。

9.2.3.4 盛果期树修剪

9.2.3.4.1 骨干枝和外围枝修剪:轻度(剪除1/3或1/4)回缩过弱骨干枝,疏除过密弱小外围枝,有营养空间的也可短截外围枝。

9.2.3.4.2 结果枝组培养:轻度(剪除1/3或1/4)回缩大、中型辅养枝,去直留平斜发育枝,拉平及摘心徒长枝,培养大、中、小型结果枝组,枝组间距离保持80 cm左右,并均匀分布在各级主、侧枝上,使结果枝与营养值的比例为3:1。

9.2.3.4.3 结果枝组更新:轻度(剪除1/3或1/4)回缩过旺大型枝组,中度(剪除1/2)回缩过弱大型和中型枝组,疏除弱小枝组,保持中庸树势。

9.2.3.5 衰老树修剪

9.2.3.5.1 主枝更新:应选择健壮主枝,保留60 cm~100 cm,锯除其余部分,促其萌发新枝,每个主枝不同部位保留2个或3个健壮枝条,培养成Ⅰ级侧枝。

9.2.3.5.2 侧枝更新:选择2个或3个侧枝,在每个有强旺分枝前部3 cm~5 cm处剪截,重回缩明显衰弱侧枝和大型结果枝组,疏除病虫枝、枯枝和下垂枝。

9.2.3.5.3 更新枝处理:加强更新树田间土肥水管理,尽快恢复树势。

10 土肥水管理

10.1 土壤管理

要做到土松、草净、肥足。果园灌水后,及时中耕松土除草,保持土壤疏松无杂草。中耕深度10 cm~15 cm,以利调温保墒。每年中耕除草2次~3次。

10.2 施肥管理

肥料使用应符合NY/T 394的要求。

10.2.1 基肥

幼树株施腐熟农家肥 20 kg～40 kg＋磷酸二铵 0.1 kg～0.2 kg。结果大树株施腐熟农家肥 50 kg～100 kg＋磷酸二铵 2 kg。每亩施腐熟农家肥 1 100 kg～2 200 kg，磷酸二铵 5 kg～10 kg，尿素 5 kg～10 kg，施肥后及时冬灌水。

10.2.2 追肥

10.2.2.1 春肥：在核桃开花前或展叶初期进行，以速效氮为主。主要作用是促进开花坐果和新梢生长。

10.2.2.2 幼果膨大肥：以氮、钾为主，配合施用磷肥，于 5 月初至 6 月上旬（幼果发育期）施入，配合灌水防旱。主要作用是促进果实发育，减少落果，促进新梢的生长和木质化程度的提高，以及花芽分化。

10.2.2.3 硬核期肥：在 6 月初至 7 月初施速效性磷、钾肥和少量氮肥（复合肥），主要作用是供给核桃仁发育所需的养分，保证坚果充实饱满。此期追肥量占全年追肥量的 20％。

11 有害生物防治

坚持"预防为主，综合防治"的原则，以农业措施、物理措施和生物措施为主，化学防治为辅，农药使用应符合 NY/T 393 的规定。

11.1 农业防治

加强肥水管理，增施有机肥，合理负载，增强树势和树体抗性，使园地通风透光，减低发病的环境因素。实行侧灌，不使灌水接触树体。科学修剪，剪口、锯口要涂保护剂和杀虫剂。每年秋末核桃园全面深耕，有效减少虫卵（蛹）越冬数量。

11.2 物理防治

果园清理，将果园落叶、烂果、杂草全部彻底清理出果园，集中处理掉。用铁刷刷刮树干上的害虫，深埋或烧毁。桃树落叶后主干、主枝要涂白，有流胶病的植株要先刮除流胶后再涂白。

11.3 生物防治

利用自然的瓢虫、草蛉、食蚜蝇等天敌控制蚜虫。

11.4 化学防治措施

农药的选择和使用应符合 NY/T 393 的要求。

11.5 常见有害生物及防治方法

常见的病虫害以腐烂病、枝枯病、举肢蛾、春尺蠖、大球蚧、黄刺蛾为主。

11.5.1 主要病害

11.5.1.1 腐烂病：又称烂皮病、黑水病。主要危害核桃枝干的树皮，严重时造成枝枯、结果能力下降，甚至导致整株死亡。

防治方法：加强核桃园管理，增施有机肥，合理修剪，增强树势。树干涂白，如有病斑，在入冬前刮除病斑，再涂涂白剂。早春及生长季节及时刮治病斑，刮后涂 40％晶体石硫合剂 21 倍～30 倍液，5 波美度～10 波美度石硫合剂。

11.5.1.2 枝枯病：主要危害核桃树的 1 年～2 年生枝条。先侵害幼嫩的短枝，从顶端开始渐向下蔓延直至主干。被害皮层初呈暗灰褐色，后变为浅红褐色或深灰色，并在病部形成很多黑色小粒点，即病原的分生孢子盘。病枝上叶片渐变黄、脱落，枝条枯死。

防治方法：加强核桃园管理，增施有机肥，剪除病枝并烧毁；注意防寒，及时防治蛀干害虫。

11.5.2 主要虫害

11.5.2.1 举肢蛾：又称核桃黑。在土壤潮湿、杂草丛生的地方容易发生。主要危害核桃的果实，受害率达 70％～80％，甚至高达 100％，是核桃的主要害虫。

防治方法：结冻前，彻底清园，刮掉树干基部的老皮，集中烧毁。释放松毛虫赤眼蜂，在 6 月每亩放赤眼蜂 30 万头。

11.5.2.2 春尺蠖:4月中下旬,核桃树展叶时,春尺蠖幼虫主要危害嫩叶。

防治方法:

a) 翻地灭蛹:秋末全面深翻核桃园。

b) 阻止雌虫上树:在3月初,将树干基部萌生枝清除干净,将农用塑料薄膜裁成宽10 cm左右长条,围在树木干基,拉紧、拉平后用订书机在接口处订牢,使薄膜上紧下松呈倒喇叭状。

c) 糖醋液诱杀成虫:糖醋液配方为白糖(或红糖)6份,醋3份,酒1份,水10份。

糖浆盘设置:选粗细适中,长25 cm左右木棍4根,插入土中,使它们位于一个边长30 cm左右的正方形的四个顶点上,地面上留10 cm~15 cm,再用细绳将裁成40 cm×40 cm塑料薄膜四角系在四根木棍上,使成浅盘状,将糖醋液倒入,每盘倒150 g~250 g。每亩设置1个~2个,2月底开始,3月底结束。

d) 黑光灯诱杀成虫:从2月下旬到4月上旬,除大风及降雪外,每晚开灯,约1个月。每10亩~20亩设20 W黑光灯1盏。

11.5.2.3 大球蚧:春季结合核桃树修剪,剪除群体越冬的虫枝;发生严重的地区可于3月中旬向树冠喷洒5%~10%轻柴油乳油,初孵若虫期喷2次药,每次间隔7 d~10 d。

12 采收

12.1 采收期

生食、仁用核桃生产园,青皮开裂率达10%进入采收期;做深加工原料供应核桃生产园,青皮开裂率>30%进入采收期。温185核桃在8月下旬至9月上旬,新新2号核桃在9月下旬,扎343在9月中旬,新丰9月上旬采收。产品质量应符合NY/T 1042的要求。

12.2 采后处理

12.2.1 脱青皮

根据需求选择不同规格和类型的机械(挤压式脱皮机、揉搓脱皮机、刷洗式脱皮机、切割式脱皮机),及时清理处理后的核桃青皮。核桃坚果破损率应小于3%。

12.2.2 清洗

脱去青皮的坚果应于2 h内及时采用专用清洗机进行清洗,及时除去残留在果面上的维管束、烂皮、泥土等杂物,清洗过程中不应添加任何化学药剂。

12.2.3 烘干

可根据设备性能采取适宜的摊放厚度,烘干摊放厚度不超过10 cm。烘干过程中,要注意排放水蒸气。一般烘干温度不能超过43 ℃。

13 包装

产品包装符合应NY/T 658的要求。

14 储藏运输

产品储藏运输应符合NY/T 1056的要求。

15 生产废弃物处理

核桃园中的落叶和修剪下的枝条,带出园外进行无害化处理。修剪下的枝条,量大时,经粉碎、堆沤后,作为有机肥还田。废弃的农药包装袋、去除的核桃青皮、清洗的废水等应收集好进行集中处理,减少环境污染。

16 生产档案管理

建立并保存相关记录,为生产活动可溯源提供有效的证据。记录主要包括以有害生物防治、土肥水管理等为主的生产记录,包装、销售记录,以及产品销售后的申、投诉记录等。记录至少保存3年。

绿 色 食 品 生 产 操 作 规 程

GFGC 2023A253

绿色食品山楂生产操作规程

2023-04-25 发布

2023-05-01 实施

中国绿色食品发展中心 发布

前　言

本规程由中国绿色食品发展中心提出并归口。

本规程起草单位：河北省绿色食品发展中心、河北科技师范学院、兴隆县山楂产业技术研究院、中国绿色食品发展中心、北京市农产品质量安全中心、天津市农业发展服务中心、辽宁省农业发展服务中心、山西农业大学果树研究所、山东省绿色食品发展中心、承德市农产品加工服务中心、唐山市农业环境保护监测站、唐山市农产品质量安全检验检测中心、唐山市农业综合行政执法支队、邢台市农业环保监测站、承德瑞泰食品有限公司、清河县马屯红果种植专业合作社。

本规程主要起草人：尤帅、齐慧霞、张国明、唐伟、孙敏、张鑫、杜方、杨明霞、刘娟、刘伯洋、刘强、付艳慧、王前、项爱丽、邸红英、宋利学、张静、张亚兵、高俊英。

绿色食品山楂生产操作规程

1 范围

本规程规定了北方地区绿色食品山楂生产的产地环境,品种与苗木选择,栽植,土肥水管理,整形修剪,花果管理,病虫害防治,果实采收、包装、储藏运输,生产废弃物处理和生产档案管理。

本规程适用于北方地区的绿色食品山楂生产。

2 规范性引用文件

下列文件对于本文件的应用是必不可少的。凡是注日期的引用文件,仅注日期的版本适用于本文件。凡是不注日期的引用文件,其最新版本(包括所有的修改单)适用于本文件。

NY/T 391 绿色食品 产地环境质量

NY/T 393 绿色食品 农药使用准则

NY/T 394 绿色食品 肥料使用准则

NY/T 658 绿色食品 包装通用准则

NY/T 844 绿色食品 温带水果

NY/T 1056 绿色食品 储藏运输准则

3 产地环境

产地环境质量应符合 NY/T 391 的要求。选择坡度 20°以下,土层厚 30 cm 以上,沙质壤土和土层深厚、疏松的土壤,土壤 pH 5.5~7.5。年平均气温 6.5 ℃~12 ℃,极端最高气温低于 36.6 ℃,极端最低气温不低于－28.1 ℃,年平均降水量 450 mm~750 mm,无霜期 140 d~175 d。

4 品种与苗木选择

4.1 选择原则

根据市场需求、品种特性、立地和气候条件而定。

4.2 品种

选择抗病虫、抗逆性强的适合本地区的优良品种,早中晚熟品种合理搭配,适当配置授粉树。推荐品种:马刚红、秋金星、伏早红、金如意、晋红 1 号、大绵球、雾灵红等中熟品种;燕瓤红、辽红、西丰红、泽州红、艳果红、金星、兴隆实生、敞口、大货、燕瓤青、大金星、磨盘、白瓤绵、大五棱等晚熟品种。

4.3 苗木

选择品种纯正、无病虫害及机械伤的苗高 100 cm~120 cm,地径 1 cm 以上的一级苗木或苗高 80 cm~100 cm,地径 0.8 cm~1 cm 的二级苗木。要求整形带芽体饱满,枝条木质化程度高,主根长 20 cm 以上,有 20 cm 以上侧根 3 条~5 条,无劈裂伤,有较多须根。

有条件的可以选择 2 年生以上大苗建园,成园快,见效早。

5 栽植

5.1 栽植密度

栽植密度根据地形、品种、气候、土壤、管理方式来确定。平地、肥沃地、气候温暖、树体高大情况下,株行距应大些;反之可适当密植。一般新建山楂园的株行距在地势平坦、土质肥沃地块采用 4 m×6 m,在土质较差的地方采用 3 m×5 m。

5.2 栽植时间

一般以春季栽植较好,在清明至谷雨前后进行。冬季不甚干寒的地区也可选择在秋季上冻前栽植。

5.3 栽植前苗木处理

5.3.1 苗木假植

选避风、高燥、平坦、排水良好的地块,沿南北向挖假植沟。沟宽 1 m～1.5 m,深 60 cm～70 cm,长度视苗木多少而定。

将苗木向南呈 45°倾斜排放在假植沟里,根部以湿沙填充埋压,上层培土防止透风。假植时,每层苗不宜过厚,一定要将湿沙与苗木根系紧密接,沙子要手握成团、一触即散,初入冬后上面铺一层秸秆防寒。

5.3.2 修根

栽植前对劈裂根、受伤根进行修剪,剪口与母根垂直或呈 45°斜茬,利于伤口愈合。

5.4 栽植

5.4.1 挖栽植穴

按预定株行距挖栽植穴,穴长、宽各 100 cm,深 60 cm～80 cm。将腐熟好的农家肥同表土充分混合后,按每株 30 kg～50 kg 的用量填入沟内至距地面 40 cm 处。

5.4.2 栽苗

将苗木立于栽植穴中,舒展根系,扶正对齐,后培土、轻轻提苗、踏实。

5.4.3 浇水

栽后浇 1 次透水,水渗下后封埯,同时扶正苗干,封埯后不能再踩踏。

5.4.4 覆膜

封埯后覆盖 1 m² 地膜(厚度为 0.01 mm),地膜四周用土压实,做以树苗为中心的直径 0.8 m～1 m 的树盘。

春季干旱多风的地区,可在根部培高 20 cm～30 cm 的土堆,既能保墒,又能防止苗木被大风吹得松动,甚至歪斜。发芽时将土堆扒开、整平。

5.5 栽后管理

5.5.1 定干

一般定干高度 80 cm～100 cm,距芽 1 cm 左右、于芽对侧呈 45°下剪。

5.5.2 套袋

定干后套上一个塑料筒,可以减少苗木蒸腾失水,提高成活率,又可以防止金龟子、象甲危害,萌芽后要撕开塑料筒,3 d～5 d 再去除。

5.5.3 果园间作

新建园可间作矮秧作物(秧高不超过 60 cm),主要有花生、甘薯、中药材以及紫花苜蓿、白三叶等绿肥,忌种黄豆及十字花科蔬菜,注意留出 1.5 m 左右的树盘。

5.5.4 补植

发芽后要检查苗木的成活情况,尽早完成补植。时间来不及的也可以在翌年春季补植。

6 土肥水管理

6.1 土壤管理

6.1.1 果园生草

采用果园自然生草,及时拔除恶性杂草。待草高超过 30 cm 时刈割。

6.1.2 覆盖保墒

我国北方地区 4 月—6 月干旱少雨,4 月在果园以秸秆、麦秧、麦糠、杂草等覆盖保墒,覆盖厚度 15 cm～20 cm,其上适当压土;有条件果园可采用地布覆盖。

6.2 施肥管理

6.2.1 原则

肥料施用应符合 NY/T 394 的要求。

6.2.2 施肥方法

规模化果园提倡采用滴灌施肥。传统果园加入树盘撒施有机肥,然后浅翻。

a) 环状施肥:在树冠投影外缘挖宽 30 cm～60 cm,深 30 cm～50 cm 的环状沟,将肥料施入沟内,然后覆土。施基肥宜深,追肥宜浅。

b) 放射沟施肥:在树冠下,距干 1.0 m 以外,挖 4 条～8 条放射形沟,沟宽 10 cm～30 cm,深 15 cm～40 cm,要里浅外深,里窄外宽。放射沟的位置应逐年错开。此法与环状沟可交错使用,如施基肥用环状沟,追肥用放射状沟。

c) 穴施:在树冠下挖施肥穴,穴的数量根据树冠大小决定,穴深 20 cm～30 cm,放入肥料,与土壤稍微混合后覆土。

土层较厚的果园,用地钻打眼施基肥,直径 20 cm～30 cm,深 30 cm～50 cm,直径和深度靠不同的钻头来调节,省工省力。

6.2.3 底肥

9 月下旬至土壤结冻前施入,以早施为好。幼树和初结果树每年每株施腐熟农家肥 20 kg～100 kg 或者商品有机肥 3 kg～12 kg,盛果期树每年每株施腐熟农家肥 40 kg～100 kg 或者商品有机肥 5 kg～12 kg。

6.2.4 追肥

a) 萌芽前追肥:未结果树每株追尿素 0.1 kg,结果树每株施尿素 0.5 kg～1 kg;秋季施足有机肥的果园,可推迟到开花前追肥。

b) 果实膨大期追肥:每株结果大树施复合肥 2 kg～3 kg。

c) 叶面喷肥:5 月—7 月喷施 0.3%～0.4% 的尿素,8 月—9 月喷施 0.3%～0.5% 的磷酸二氢钾,间隔期 15 d。叶面喷肥宜在 10:00 以前或 16:00 以后进行。

全年根据树体具体情况选择施用。

6.3 水分管理

灌水时期主要依据各物候期树体生长发育对水分的需要,结合当地气候、土壤水分状况而定。有条件的果园可分别于山楂树发芽前后到开花前、开花后到幼果膨大期、果实采前速长期、封冻前灌 4 次水。雨季前要疏通果园内外排水沟,注意排水。

7 整形修剪

7.1 整形修剪原则

培养合理的树体结构,平衡生长与结果的关系,调节营养物质的分配与运转,改善光照条件,提高光合效能,达到高产、稳产、优质目的。

7.2 整形

依株行距不同,选择小冠疏层形或开心形。

7.2.1 小冠疏层形

树高 3.5 m 左右,干高 50 cm,主枝 5 个～6 个;第 1 层主枝 3 个,角度 60°～70°,每主枝配备 1 个～2 个侧枝;第 2 层主枝 2 个,角度 50°～60°,每个主枝配 2 个～3 个大型结果枝组;两层主枝层间距 100 cm～120 cm。

7.2.2 开心形

大树改造多选择开心形,分 3 年～4 年完成树体改造,树高 3 m 左右,干高 50 cm。保留主枝 3 个～4 个,错落分布,每主枝配备侧枝 1 个～2 个。

7.3 修剪

7.3.1 修剪时期

提倡一年四季进行,即冬剪、春剪、夏剪、秋剪。

a) 冬季修剪:在落叶后至萌芽前进行,也叫休眠期修剪。主要是调整树体结构,均匀摆布结果枝组,解决好通风透光和合理负载的问题。

b) 春季修剪:根据负载量剪除部分多余的花芽,幼树拉枝也应在春季萌芽后枝条柔软了再进行。

c) 夏季修剪:多为抹芽、摘心和疏枝等。主要针对山楂隐芽抽生的大量徒长枝,没有空间的地方可在刚刚萌芽的时候就抹掉,节省养分,对有空间、角度平斜的枝条可拉枝、摘心。密挤的枝条要有选择的进行疏除,为树冠内膛创造良好的通风透光条件。

过旺树在开花前后掰掉长枝顶芽抽生的新梢,可以促进枝条后部萌发出大量的短枝,部分短枝当年还可以成花。

d) 秋季修剪:主要是改善光照和集中养分,对于树冠内较直立的密挤枝条,可疏除或在基部留3个~4个大叶片短截,既能改善光照条件又能利用留下的成熟叶片制造养分供养果实生长,树冠外围的密挤枝条直接疏除。雨水过多的年份,部分新梢还能发出秋梢,秋梢发育不充实,叶片小而黄,应予以剪出。

7.3.2 衰弱树修剪

更新复壮,少疏枝,多短截,适当缩剪,多疏花芽少结果,留壮枝壮芽促发健壮新梢,充分利用徒长枝更新枝头和结果枝组。

花期疏花序,使花、果留量少于正常负载量,促使树势恢复。

骨干枝、延长枝在饱满芽处短截,促发壮枝。

7.3.3 放任生长的大树修剪

落头:首先完成落头,降低树冠高度,改善光照条件,落头后树高3.5 m以内。

调整大枝:按选定的树型,有计划地在2年~3年内疏除过密大枝。第一年去掉1个~2个,对其余的大枝进行回缩,控制生长,暂时保留结果,第二、三年继续完成。避免一次修剪过重,影响树势和当年产量。

复壮枝组:疏除内膛过密枝、衰弱枝,选留有分枝的健壮枝回缩,冗长无花芽的枝直接回缩,使枝组牢固紧凑;疏剪外围焦梢、密挤的小枝,选留芽色鲜艳发红的枝条,利用内膛徒长枝重新培养结果枝组,逐步恢复树势,提高坐果率。

7.3.4 大年树的修剪

大年树花量足,枝组回缩可以较重、较多,使花芽量减少。对正常结果枝组,可疏掉过密、过弱的,剪留的结果母枝间距控制在20 cm~25 cm。

仅通过修剪不能很好地调整负载量时,要在花序分离至开花前后疏除过多的花序,能节约养分,明显提高坐果率,也是克服山楂大小年结果现象的有效措施。

7.3.5 小年树的修剪

小年树要尽量利用全部花芽,提高产量。无花的结果枝组,要根据生长情况,进行回缩更新。

对于重叠、密生枝组,要根据花量多少,在保花的基础上,可适当回缩,如前端有花者,应在结果后回缩。需要落头或换头的骨干枝头,如果其上有值得利用的花芽,也应轻堵缓缩,保留结果,留待下年处理。

8 花果管理

8.1 授粉

在一个山楂园里宜分行栽植花期一致或相近的2个~3个品种,通过异花授粉,提高坐果率。

8.2 疏花序

8.2.1 时间

在山楂花序分离至开花前进行,以早疏为宜。

8.2.2 原则

疏花序遵循疏除后部花序,留前端花序,疏除弱花序,留壮花序,疏除下垂花序,留直立花序的原则,并使花序分布均匀。

9 病虫害防治

9.1 防治原则

坚持"预防为主、综合防治"的原则。按照病虫害的发生规律和经济阈值,科学、综合、协调利用农业、物理、生物和化学防治等手段,有效防控病虫危害。以农业防治、物理防治、生物防治为主,辅助使用化学防治措施。农药使用应符合 NY/T 393 的要求。

9.2 主要病虫害

山楂白粉病、锈病、斑点落叶病、干腐病、红蜘蛛、食叶虫类(桃小食心虫、梨小食心虫、白小食心虫)、潜叶蝇、蚜虫、叶蝉、金龟子、卷叶虫等。

9.3 防治措施

9.3.1 农业防治

通过加强土肥水管理等措施,以保持树势健壮,提高抗病能力;合理修剪,保证树体通风透光;清除枯枝落叶、刮除树干老翘裂皮、剪除病虫枝梢、病果及僵果,深翻树盘、减少病虫源、降低病虫基数;生长季节后期注意控氮、控水,防止徒长。不与苹果、梨、桃等其他果树混栽或重茬,以防次要病虫害上升危害。

9.3.2 物理防治

a) 杀虫灯诱杀:果园路边可悬挂黑光灯或频振式杀虫灯,诱杀有趋光性的害虫,如食心虫、金龟子、蛾类、叶甲、大青叶蝉等。每 30 亩～50 亩放置 1 个,高度应高于树冠 0.3 m;一般开灯时间从 4 月上旬开始,直到 9 月中旬结束。

b) 糖醋液诱杀:花期前后在园内悬挂糖醋液体,诱杀有很强趋化性的害虫,如食心虫、金龟子、卷叶虫等。配方:白酒、红糖、醋、水按 1∶1∶4∶16 混合配制。每亩果园悬挂 3 个～5 个糖醋盆。

c) 粘虫板诱杀:园内悬挂粘虫板诱杀潜叶蝇成虫、蚜虫、叶蝉等小型昆虫。悬挂数量为每亩挂 30 块～40 块黄板,板悬挂时间可以根据当地害虫发生时间开始使用,一般在 5 月—6 月,悬挂高度在树冠中上部。根据诱集情况,及时清除粘板上的害虫或更换黄板。

d) 草把诱杀:秋季树干束草或捆绑麻袋、碎布等编织物,诱集越冬食心虫幼虫、越冬红蜘蛛雌成虫等,定期检查,及时销毁。

9.3.3 生物防治

提倡行间生草或种植绿肥植物,为天敌提供庇护场所。改善果园生态环境,保护和利用瓢虫、寄生蜂、蜘蛛、捕食螨等天敌防治害虫。在虫害发生初期,释放赤眼蜂、瓢虫、捕食螨等天敌,防治食心虫、蚜虫、红蜘蛛等害虫。

充分利用信息素、性诱剂等来监测和防治害虫。4 月下旬至 6 月中下旬果园悬挂诱捕器,防治食心虫。悬挂数量为每亩挂 3 个～5 个;悬挂高度在树冠中上部;每一个月左右更换 1 次诱芯;根据诱集情况,及时清除诱捕器上的害虫。

9.3.4 化学防治

要科学掌握防治适期、有效最低浓度、最佳防治时间等,尽量减少施药量和次数,严格遵守农药安全间隔期。不同作用机理的农药交替使用、合理混用。防治方案参见附录 A。

10 果实采收、包装、储藏运输

10.1 适时采收

根据果实成熟度、用途和市场需求等因素确定采收适期。成熟期不一致的品种,应分期采收;避免在雨天和高温的中午采果；采收时要轻拿轻放，防止挤压、碰撞、刺伤。产品应符合 NY/T 844 的要求。

10.2 包装

包装应符合 NY/T 658 的要求，注明产地、品种、等级、数量、日期等信息。

10.3 储藏运输

储存场地要求清洁，防晒、防雨，不得与有害物品混存。运输工具必须清洁卫生，严禁与有害物品混装、混运。储存和运输应符合 NY/T 1056 的要求。

11 生产废弃物处理

提倡生产废弃物进行资源化重新利用，将修剪下废弃树枝、落叶及时收集，进行无害化处理或粉碎后堆肥等。农膜、农药包装等废弃物应统一回收处理，或资源化利用，避免污染环境。

12 生产档案管理

建立绿色食品山楂生产档案，详细记录产地环境条件、生产资料使用、土肥水管理、病虫草害防治、采收储运、批次编码等信息，实现全程质量追溯管理。档案资料应保存 3 年以上。

附　录　A

（资料性附录）

绿色食品山楂生产主要病虫害防治方案

绿色食品山楂生产主要病虫害防治方案见表 A.1。

表 A.1　绿色食品山楂生产主要病虫害防治方案

防治对象	防治时期	农药名称	使用剂量	施药方法	安全间隔期,d
白粉病	花芽膨大期	50％硫黄悬浮剂	200 倍～400 倍液	喷雾	—
锈病、斑点落叶病、白粉病	发病初期	40％多菌灵可湿性粉剂	400 倍～800 倍液	喷雾	28
食心虫	果实膨大期	40％辛硫磷乳油	1 000 倍～2 000 倍液	喷雾	7
	卵果率达 1％～2％时				
食心虫、螨、蚜虫等	发生初期	18％杀虫双水剂	500 倍～800 倍液	喷雾	15
注:农药使用以最新版本 NY/T 393 的规定为准。					

绿 色 食 品 生 产 操 作 规 程

GFGC 2023A254

冀 晋 鲁 等 地 区
绿色食品山药生产操作规程

2023-04-25 发布

2023-05-01 实施

中国绿色食品发展中心 发布

前　言

本规程由中国绿色食品发展中心提出并归口。

本规程起草单位:河南省农产品质量安全和绿色食品发展中心、河南省农业科学院园艺研究所、商丘市农产品质量安全中心、焦作市农产品质量安全检测中心、安阳市农产品质量安全检测中心、濮阳市农产品质量安全监测检验中心、开封市农产品质量安全检测中心、山东省农业生态与资源保护总站、陕西省农产品质量安全中心、河北省农产品质量安全中心、山西省农产品质量安全中心、温县岳村乡红峰怀药专业合作社、中国绿色食品发展中心。

本规程主要起草人:樊恒明、王志勇、黄继勇、管立、汤文静、沈东青、安小亮、黄雅凤、翟尚功、党增青、姬伯梁、赵毓群、刘宇、张琪、刘姝言、孟浩、王璋、尤帅、敖奇、马红峰、宋晓。

冀晋鲁等地区绿色食品山药生产操作规程

1 范围

本规程规定了冀晋鲁等地区绿色食品山药的产地环境、品种选择、整地、播种、田间管理、病虫草害防治、采收、生产废弃物处理、储藏运输、生产档案管理。

本规程适用于河北、山西、山东、河南、陕西的绿色食品山药的生产。

2 规范性引用文件

下列文件对于本文件的应用是必不可少的。凡是注日期的引用文件,仅注日期的版本适用于本文件。凡是不注日期的引用文件,其最新版本(包括所有的修改单)适用于本文件。

GB/T 8321(所有部分)　农药合理使用准则

GB 12475　农药储运、销售和使用的防毒规程

NY/T 391　绿色食品　产地环境质量

NY/T 393　绿色食品　农药使用准则

NY/T 394　绿色食品　肥料使用准则

NY 525　有机肥料

NY/T 658　绿色食品　包装通用准则

NY/T 1056　绿色食品　储藏运输准则

NY/T 1049　绿色食品　薯芋类蔬菜

3 产地环境

生产基地选择无霜期 180 d 以上;地块 5 年以上未种植过薯蓣类作物、根茎类作物或蔬菜类作物;地势平坦、排灌方便,地下水位在 2 m 以上;土壤以沙壤土或两合土为宜,要求土层深厚、土壤富含有机质、保水和保肥能力强。产地环境质量应符合 NY/T 391 的要求。

4 品种选择

要选用综合经济性状优良、抗性强、适合当地种植的品种,如铁棍山药、太谷山药、水山药、九斤黄、小白嘴山药、细毛长山药等。

5 整地

前茬作物收获后,在冬前及时灭茬,深翻晾晒,一般深翻 30 cm～40 cm,灌水踏实。开春后,进行施肥、旋地、耙平;根据品种特征特性和土壤状况,按适宜行距开沟、塌墒。种植田开好排水沟,做到内外沟相通,雨停水干。

5.1 平畦种植

可采用人工或机械挖栽培沟,一般深 100 cm～120 cm,把挖出的土分层捣碎,拣出砖头、石块等硬物,然后回填,整平耙细做成低于地表 10 cm 的播种沟(畦),一般深 5 cm～8 cm、宽 10 cm～15 cm,只留耕层的熟化土,以备播种时覆土用。

5.2 高垄种植

可采用山药深松机械条状深松 100 cm～120 cm,地面自然形成高 30 cm～35 cm 的垄,用镇压轮顺垄中部镇压,垄上开播种沟,一般深 15 cm～25 cm、宽 20 cm～30 cm。

6 播种

6.1 种栽挑选

种栽以山药根茎上部长 15 cm～25 cm 有芽一节的芦头为主,不足时也可用山药根茎中下部按照 25 cm 长度切割而成的段子补充。山药芦头和山药段子的质量标准为直顺、粗壮、芽头饱满、无损伤、无病虫害。

6.2 种栽处理

播种前将做种栽的山药芦头、山药段子切口断面用草木灰进行涂抹,并晾晒 10 d～15 d,伤口断面干结为宜。

6.3 播期

当 5 cm～10 cm 深地温稳定在 10 ℃以上为适宜播种期,一般在 3 月—4 月播种。

6.4 播种密度

对于铁棍山药等小株型品种,宜采用高密度平畦种植。按照株距 15 cm～20 cm 播种,密度一般每亩 7 000 株～9 000 株。

对于九斤黄等大株型菜山药品种,宜采用低密度高垄种植。按照株距 20 cm～30 cm 播种,密度一般每亩 3 000 株～5 000 株。

6.5 播种方法

种栽按一个方向平放沟中,芽头顺向一方,每沟最后一个芽头应回头倒放,与最后第二个平行而头尾各向一方,播种后覆土 3 cm～5 cm,镇压保墒即可。

7 田间管理

7.1 灌溉

山药种植前浇足底水,保证山药正常出苗。根茎伸长期,如墒情不足,只能少量浇水,不能大水漫灌,每次浇水渗入土中的深度不超过根茎下扎的深度。根茎生长盛期,可浇一次透水促使根茎增粗。宜采用滴灌或微喷灌,浇水时间以早晚为宜。如遇连续高温干旱天气,少量浇水调节地温;雨季要注意田间排水,以免造成根部腐烂。

7.2 施肥

播种前结合整地,每亩施入优质腐熟农家肥 3 000 kg～4 000 kg 或商品有机肥 500 kg～800 kg、硫酸钾型三元复合肥($N-P_2O_5-K_2O=15-15-15$)100 kg。追肥宜采用沟施,施肥量可视地力、苗情等情况而定,一般每亩施入硫酸钾型三元复合肥($N-P_2O_5-K_2O=15-15-15$)20 kg～25 kg。在苗高 30 cm～40 cm 时追肥 1 次;在茎蔓生长盛期追肥 2 次～3 次;在根茎生长盛期追肥 2 次～3 次,并用 0.3% 磷酸二氢钾进行叶面喷施 1 次～2 次。肥料使用应符合 NY 525 和 NY/T 394 的要求。

7.3 中耕除草

生长初期中耕由浅渐深,生长中后期则应浅中耕,以免损伤地下根茎。一般中耕除草在 3 个时期,幼苗出土后,苗高 20 cm～30 cm 时,浅中耕除草;茎蔓上架前根据苗情和草情进行中耕除草;茎蔓上架后若不能中耕,人工拔除杂草。

7.4 搭架

在苗高 30 cm～40 cm 时搭架,可用 1.2 m～1.5 m 竹竿或树枝插于垄(畦)面上,一般每株一根,4 根为一组,在距地面 80 cm～100 cm 处交叉捆牢,将茎蔓牵引上架。

8 病虫草害防治

8.1 防治原则

病虫草害综合防治是山药绿色生产全程质量控制的关键环节,坚持"预防为主、综合防治"的原则。

应以保护生物多样性、维护生态平衡为基础,创造不利于病虫草害孳生和有利于各类天敌繁衍的环境条件。根据病虫草害发生情况,优先采用农业防治、物理防治、生物防治,必要时科学合理使用化学防治。

8.2 常见病虫草害

山药病害主要有炭疽病、褐斑病、黑斑病等;虫害主要有蛴螬、甜菜夜蛾、蝼蛄、线虫等;草害主要有禾本科杂草、阔叶杂草等。

8.3 防治措施

8.3.1 农业防治

选用适合当地生长的高产优质、抗病虫、抗逆性强的优良品种;与玉米、杂粮、豆科等作物实行 5 年轮作;冬前深耕,冻垡晒垡;加强人工中耕除草,防止土壤板结,控制杂草危害;春季耕地时人工捡拾蛴螬加以消灭;及时挖除病株,可用生石灰撒于该穴进行消毒,清除田间病株残体,集中带出田间深埋处理;加强栽培管理,合理密植,搭架整枝,控制好施肥量、浇水量。

8.3.2 物理防治

利用黑光灯、频振式杀虫灯诱杀夜蛾类等,每 20 亩~30 亩安装 1 台;利用黄板或蓝板诱杀害虫,每亩悬挂 50 块~60 块,悬挂高度高出植株上部 20 cm~30 cm;利用糖醋液(红糖∶酒∶醋＝2∶1∶4)诱杀蝼蛄等。

8.3.3 生物防治

释放赤眼蜂、食虫瓢虫、草蛉、蜘蛛等害虫天敌;利用性引诱剂或性干扰剂,有效减少蛾类害虫;利用病原微生物或生物源农药防治病虫害。药剂使用应符合 NY/T 393 的要求。

8.3.4 化学防治

化学防治应在专业技术人员指导下进行。使用药剂应获得国家在山药上的使用登记或省级农业主管部门的临时用药措施,并符合 NY/T 393 的要求。选择对主要防治对象有效的低风险农药剂型,注意轮换用药,合理混用;选择环境友好农药剂型,不宜采用风险较大的施药方式;合理减少农药使用量级次数,严格控制农药使用浓度及安全间隔期。应按照农药产品标签使用农药,并符合 GB 12475 和 GB/T 8321 的要求。防治方案参见附录 A。

9 采收

9.1 采收时间

在山药地上茎蔓枯萎或半枯萎时采挖,一般在 10 月下旬开始采收。或根据市场需求,也可提前采收。冬前不采收的山药,可在地表覆土 10 cm~15 cm 防冻越冬,随时采收上市。

9.2 采收方法

可采用机械收获或人工挖掘收获。采收前拆去支架,割去茎蔓,于垄(畦)的一端,开始顺行深挖一条与山药根茎等深的沟,要注意防止损伤表皮和切断根茎。挖出后,除净泥土,折下芦头储藏作种栽,其余部分加工成商品。采收时严防根茎暴晒,避免机械损伤。

9.3 采后处理

剔除病、烂山药后,盛装在清洁的容器中,对不同生产区的产品应予以分装并用标签区别标记,再进行分级、清洁、包装。产品质量应符合 NY/T 1049 的要求。

9.4 包装

包装应完整并规范使用绿色产品标识,品种名称、单位重量、大小规格应与包装说明一致。包装应符合 NY/T 658 的要求。

10 生产废弃物处理

生产过程中,地膜、农药和化肥等投入品包装应分类收集,进行无害化处理或回收循环利用,处理地点需远离水源和居民生活区,储存地点需经防渗漏和防雨淋处理。山药收获后地上部茎叶要清出田间,合理利用;感病植株一定要带离山药田间,妥善深埋处理,严禁乱堆乱放、丢弃和污染环境。

11 储藏运输

山药储藏时应区分品种和规格,按种栽和鲜食分别储藏,堆码整齐,防止挤压损伤,应经常检查,随时拣出病、烂山药。冬季储藏要求地势干燥、背风向阳;室内储藏环境应阴凉、避光,应具有防虫、防鼠、防鸟的功能,一般储藏温度2℃～6℃。运输工具应清洁卫生、无异味,运输过程应轻抬轻放,禁止与有毒、有害、有异味、易污染环境等物品混放混运。储藏运输应符合NY/T 1056的要求。

12 生产档案管理

生产者应建立绿色食品山药生产档案。记录主要包括生产区域的空气、水质、土壤等产地环境质量,有关品种特征特性,整地、播种、灌溉、施肥等管理措施,病虫草害防治措施及药剂使用记录,以及采收、包装、储藏、运输、生产废弃物处理等过程。生产档案真实、准确、规范,并妥善保存,以备查阅,至少保存3年以上。

附 录 A

（资料性附录）

冀晋鲁等地区绿色食品山药生产主要病虫害化学防治方案

冀晋鲁等地区绿色食品山药生产主要病虫害化学防治方案见表 A.1。

表 A.1 冀晋鲁等地区绿色食品山药生产主要病虫害化学防治方案

防治对象	防治时期	农药名称	使用剂量	施药方法	安全间隔期,d
褐斑病	根茎生长期	32.5%苯甲·嘧菌酯悬浮剂	15 mL/亩~25 mL/亩	喷雾	28
炭疽病	根茎生长期	32.5%苯甲·嘧菌酯悬浮剂	40 mL/亩~50 mL/亩	喷雾	28
蛴螬	播种前期	10%噻虫嗪微囊悬浮剂	300 mL/亩~500 mL/亩	沟施	—
		3%辛硫磷颗粒剂	4 000 g/亩~8 000 g/亩	沟施	收获期
甜菜夜蛾	发生初期	25%灭幼脲悬浮剂	25 mL/亩~30 mL/亩	喷雾	21
注:农药使用以最新版本 NY/T 393 的规定为准。					

绿 色 食 品 生 产 操 作 规 程

GFGC 2023A255

苏 浙 皖 等 地 区
绿色食品山药生产操作规程

2023-04-25 发布

2023-05-01 实施

中国绿色食品发展中心 发布

前　言

本规程由中国绿色食品发展中心提出并归口。

本规程起草单位：湖北省农业科学院农业质量标准与检测技术研究所、湖北省农业科学院经济作物研究所、中国绿色食品发展中心、湖北省绿色食品管理办公室、湖北省蔬菜办公室、湖北省农业广播电视学校、团风县农业农村局、荆州市农业技术推广中心、松滋市农业农村科技服务中心、四川省绿色食品发展中心、浙江省农产品绿色发展中心、安徽省宣城市农产品质量安全中心、湖南省怀化市农业农村局、江西省农业技术推广中心、江苏省绿色食品办公室、湖北省荆门市绿色食品管理办公室、湖北省枝江市七星台农业服务中心、湖北省阳新县生态能源服务中心。

本规程主要起草人：严伟、邓晓辉、郭凤领、唐伟、吴金平、王晓燕、周洁、齐传东、李峰、周先竹、甘彩霞、崔磊、胡军安、於校青、杨远通、彭西甜、周有祥、彭立军、邓士雄、陈飞、胡正梅、廖显珍、陈永芳、刘颖、罗时勇、周熙、张小琴、周伟、黄小霞、杜志明、杭祥荣、喻小兵、李慧、黄军、董俊明、陈新宝。

苏浙皖等地区绿色食品山药生产操作规程

1 范围

本规程规定了绿色食品山药的术语和定义、产地环境条件、定植前准备、定植、田间管理、病虫害防治、采收、包装、储藏、运输、生产废弃物处理和生产档案管理。

本规程适用于江苏、浙江、安徽、江西、湖北、湖南、四川的绿色食品山药生产。

2 规范性引用文件

下列文件对于本文件的应用是必不可少的。凡是注日期的引用文件，仅注日期的版本适用于本文件。凡是不注日期的引用文件，其最新版本(包括所有的修改单)适用于本文件。

NY/T 391 绿色食品 产地环境质量

NY/T 393 绿色食品 农药使用准则

NY/T 394 绿色食品 肥料使用准则

NY/T 658 绿色食品 包装通用准则

NY/T 1056 绿色食品 储藏运输准则

3 术语和定义

下列术语和定义适用于本文件。

山药芦头

又名山药栽子，用于栽植的、先端有潜伏芽的山药根茎先端。

4 产地环境条件

应符合 NY/T 391 的要求，宜选择地势高、排灌方便的沙壤土地块，近 3 年~4 年未种植薯蓣科作物。

5 定植前准备

5.1 品种选择

应选择综合经济性状优良、抗病虫性及抗逆性强、适合当地种植和符合市场需求的品种。

5.2 整地开沟

冬季至清明前进行整地开沟。棒状山药按行距 80 cm 放线，然后顺线开沟，沟深 100 cm，沟宽 30 cm。挖沟时将上层土与下层土分别堆在沟的两边，将最下层 20 cm 土壤就地挖翻耧碎，晾晒数天后，先将底层土耧平踩实，再填下层土入沟，每填 20 cm 耧平踩实一次，最后平填上层土，层层耧平踩实，直到与原田相平或略低为止。块状山药将土壤深耕耙平，耕深不低于 30 cm，宜作 1 m 宽的高畦，沟深 30 cm 以上。开好田间排水沟。

5.3 种薯处理

5.3.1 分切

把无病的、具有潜伏芽的根茎先端切下，棒状根茎切段，每15 cm~30 cm;佛手山药或脚板薯类型的山药切块，一般将根茎切成 35 g 左右的小块，切块后在切口处蘸生石灰或草木灰进行杀菌处理。

5.3.2 浸种

用波尔多液(硫酸铜∶生石灰∶水＝1∶1∶500)对未发芽的山药芦头进行浸种，时间为 10 min，发芽后不能浸种。

5.3.3 晾晒

播前20 d将山药芦头进行适当晾晒,时间为7 d~10 d,以表皮现青、断面完全干燥为宜。

5.3.4 催芽

在设施大棚内,把山药芦头分别平放排紧,上覆3 cm厚的湿土,然后保湿催芽。或采用田间堆闷催芽,将浸湿的山药芦头堆埋在田间30 cm深处催芽,至芽眼萌动并突出表皮时即可。

6 定植

6.1 时间

宜在10 cm深的地温稳定通过10 ℃时进行。露地栽培一般在4月上中旬栽植;地膜覆盖栽培在3月下旬栽植,有的地方在11月—12月。

6.2 方法

山药栽培可采用间作套种,可与各种矮秧蔬菜间作套种。在同一块地上栽植山药,采用隔沟轮换种植的方法,可连续种植2年。栽培方法有开沟栽培和浅生槽栽培等。

6.3 密度

大田生产每亩用山药芦头或山药段子4 000株~6 000株,密度高的可达8 000株。栽种时顺垄开沟种植,株距20 cm~25 cm。开沟栽培前先灌足底水,将山药芦头平摆于沟中,芽朝上,覆土培成10 cm~15 cm的垄,两边踩实。

6.4 施肥

下种后到出苗前,将种植沟两侧行间的土壤深翻20 cm~30 cm,施入基肥。基肥每亩施优质腐熟有机肥3 000 kg~4 000 kg或商品有机肥400 kg~500 kg,腐熟饼肥50 kg~60 kg,复合肥25 kg~30 kg。肥料使用应符合NY/T 394的要求。

7 田间管理

7.1 疏苗

山药出苗后,应及早疏去弱苗、丛苗和多余的茎蔓,保留1个~2个健壮主蔓,并去除主蔓基部侧枝。

7.2 搭架引蔓

选用坚实竹竿或木棍,搭成"人"字架,下端插入土中15 cm~20 cm,在距顶部30 cm处交叉,尽量增大上部开张度。支架高度1.5 m~2 m为宜,当山药茎蔓长25 cm~30 cm时,及时引蔓上架。

7.3 中耕

生长前期每隔15 d~20 d进行1次中耕除草,直到蔓上半架为止。以后人工拔除杂草,并进行行间培土,使架内形成高畦,架外形成深20 cm、宽30 cm的畦沟。

7.4 水分管理

在大田四周开深排水沟,田间开浅排水沟,多雨季节应及时清沟排水;山药根茎生长盛期应保持土壤湿润,如久旱无雨,应适当浇水。

7.5 追肥

7月中旬至8月下旬发棵期每亩浅施尿素15 kg~20 kg,膨大期施复合肥20 kg~25 kg;生长后期,可用0.3%的磷酸二氢钾进行叶面追肥1次~2次。肥料使用应符合NY/T 394的要求。

8 病虫害防治

8.1 主要病虫害

山药主要病虫害有炭疽病、褐斑病、黑斑病、线虫、斜纹夜蛾、甜菜夜蛾、地老虎和蛴螬等地下害虫。

8.2 防治原则

坚持"预防为主、综合防治"的原则。农药施用严格按照 NY/T 393 的规定执行。优先采用农业防治、物理防治、生物防治,科学合理地配合使用化学防治。严格执行农药安全间隔期。

8.3 农业防治

选用抗(耐)病优良品种。合理布局,实行轮作倒茬。强化栽培管理,深耕晒垡,加强中耕除草,注意抗旱排涝,清洁田园,及时摘除病残体,增强植物抗性。用"零余子"(山药茎蔓叶腋间着生的气生茎)繁殖更新根茎,也可采用套管栽培、轮换定植沟和高支架栽培等方法来减轻病虫危害。

8.4 物理防治

在发现田间有断苗后,在清晨拨开断苗的表土,人工捕杀地老虎幼虫。春季耕地时人工捡拾蛴螬消灭。设置杀虫灯诱杀,每 1 hm²～2 hm² 地块安装 1 盏太阳能杀虫灯或频振式杀虫灯诱杀地老虎和蛴螬等害虫成虫。

有条件的地块,在 7 月—8 月,深翻土壤 25 cm～30 cm,并灌水,然后覆盖塑料薄膜,使土壤的温度达到 55 ℃以上,高温杀灭线虫,视杀虫效果可重复一次。

8.5 生物防治

保护利用田间的绒茧蜂、赤眼蜂、草蛉、食虫瓢虫、蜘蛛、蛙类等害虫天敌。释放天敌,用病毒如银纹夜蛾病毒(奥绿一号)、甜菜夜蛾病毒、苏云金杆菌制剂等防治地老虎。还可用性诱剂或 100 亿活芽孢/g 苏云杆菌可湿性粉剂 36 g～45 g 喷雾防治地老虎等。

8.6 化学防治

合理混用、轮换、交替用药,防止和推迟病虫害抗性的发生和发展。防治方案参见附录 A。

9 采收

9.1 时期

一般 10 月中下旬采收,少量因市场需求可在 8 月下旬采收,当年收获的在霜降前后应全部收获进库。冬前不采收的山药,可在地表覆土 10 cm～15 cm 防冻越冬,年后采收上市。

9.2 方法

先将地上部茎蔓离地 15 cm 左右切除,然后在垄的一端开挖 50 cm～60 cm 见方的土洞,再在洞边用铁铲沿着山药两边铲出根旁泥土,直到沟底见到山药根状根茎尖。然后握住山药芦头上端,切断山药两边全部的侧根和铲掉固定山药的泥土,再提住山药芦头下端,双手上下稍用力即可取出完整的山药,不可损伤根皮。佛手山药与脚板薯类型的山药和其他种植方式的山药采收以轻便快捷、不伤根皮为宜。

10 包装

包装应符合 NY/T 658 的要求。按绿色食品规格等级分别包装,单位重量一致,大小规格一致,山药包装上有绿色产品标识。

11 储藏

储藏应符合 NY/T 1056 的要求。储存时应按种薯和鲜食分别储藏,种薯于霜降前后入窖或储存于温度为 5 ℃～10 ℃的干燥库内;鲜食山药存放于 5 ℃～15 ℃阴凉、干燥的库内,保持气流均匀流通。储藏前应先预冷,预冷应符合 NY/T 1056 的要求。

12 运输

运输应符合 NY/T 1056 的要求。储藏山药运输前应进行预冷,运输过程中要保持适当的温度和湿度,注意防冻、防雨淋、防晒、通风散热。

13 生产废弃物处理

生产过程中的农药、肥料等投入品的包装袋和地膜应集中回收,由有资质单位进行资源化、无害化处理。对废弃的山药茎蔓和残次山药采取粉碎还田或堆沤还田等方式进行资源循环利用。

14 生产档案管理

应建立生产档案,记录山药品种、施肥、病虫害防治、采收以及田间操作管理措施;所有记录应真实、准确、规范;生产档案应有专柜保管,至少保存 3 年,做到产品可追溯。

附 录 A

（资料性附录）

苏浙皖等地区绿色食品山药生产主要虫害防治方案

苏浙皖等地区绿色食品山药生产主要虫害防治方案见表 A.1。

表 A.1 苏浙皖等地区绿色食品山药生产主要虫害防治方案

防治对象	防治时期	农药名称	使用剂量	施药方法	安全间隔期,d
地老虎和蛴螬等地下害虫	栽植时	3%的辛硫磷颗粒剂	4 kg/亩～8 kg/亩	沟施	收获期
	栽植时	10%噻虫嗪微囊悬浮剂	300 mL/亩～500 mL/亩	沟施	收获期
斜纹夜蛾/甜菜夜蛾	发生盛期	25%灭幼脲悬浮剂	25 mL/亩～30 mL/亩	茎叶喷雾	21
注:农药使用以最新版本 NY/T 393 的规定为准。					

绿 色 食 品 生 产 操 作 规 程

GFGC 2023A256

闽 粤 赣 等 地 区
绿色食品山药生产操作规程

2023-04-25 发布

2023-05-01 实施

中国绿色食品发展中心　发布

前　言

本规程按照 GB/T 1.1—2020《标准化工作导则　第 1 部分:标准化文件的结构和起草规则》的规定起草。

本规程由中国绿色食品发展中心提出并归口。

本规程起草单位:广西壮族自治区绿色食品发展站、广西壮族自治区农业科学院经济作物研究所、广西绿色食品协会、福建省绿色食品发展中心、广东省绿色食品发展中心、海南省绿色食品发展中心、贵州省绿色食品发展中心、云南省绿色食品发展中心、中国绿色食品发展中心。

本文件主要起草人:莫建军、覃维治、陆燕、韦岚岚、郭映云、黄燕英、梁安慧、刘国敏、汤宇青、胡冠华、佃锶佳、任晓慧、钱琳刚、韦荣昌、甘小丽、唐伟。

闽粤赣等地区绿色食品山药生产操作规程

1 范围

本规程规定了绿色食品山药生产的术语和定义,产地环境,品种选择及种薯处理,整地、栽培,田间管理,病虫害防治,采收、包装和储藏,生产废弃物处理,生产档案管理。

本规程适用于福建、广东、广西、海南、贵州、云南绿色食品山药的生产。

2 规范性引用文件

下列文件对于本文件的应用是必不可少的。凡是注日期的引用文件,仅注日期的版本适用于本文件。凡是不注日期的引用文件,其最新版本(包括所有的修改单)适用于本文件。

NY/T 391 绿色食品 产地环境质量

NY/T 393 绿色食品 农药使用准则

NY/T 394 绿色食品 肥料使用准则

NY/T 1056 绿色食品 储藏运输准则

NY/T 3569 山药、芋头储藏保鲜技术规程

3 术语和定义

下列术语和定义适用于本文件。

山药 *Dioscorea batatas* **Decne.**

薯蓣科(Dioscoreaceae)薯蓣属(Dioscorea)多个种的统称,俗称淮山药、薯药、淮山、怀山、广山药等,为一年或多年生缠绕性藤本植物。生产上主要有薯蓣(*Dioscorea opposita* Thunb)、日本薯预(*Dioscorea japonica* Thunb)、参薯(*Dioscorea alata* L.)、褐苞薯蓣(*Dioscorea persimilis* Prain)、山薯(*Dioscorea fordii*)等基原。

山药段子

山药块茎切成段或块作为繁殖材料,一般为5 cm~8 cm长。

零余子

山药植株的叶腋间产生的卵圆形、长条形、不规则形的珠芽。

4 产地环境

绿色食品山药产地环境应符合NY/T 391的要求。宜选择年平均气温20 ℃~25 ℃,最低气温≥0 ℃,最高温≤35 ℃,年积温6 800 ℃~7 300 ℃,年降水量1 300 mm~2 400 mm,年平均日照≥1 639 h,耕层深厚、疏松肥沃、排灌方便的沙壤土或黄壤土,且近2年未种植薯蓣科作物的平地或缓坡地块或前茬有水旱轮作的水稻田,土壤质地为微酸性至中性,有机质含量为2.0 g/kg~3.0 g/kg的土壤。

5 品种选择及种薯处理

5.1 品种选择

根据各生产区域特点,并结合茬口、上市时间因地制宜选择早熟或中晚晚熟抗病品种,短状山药品种选择短条形或扁圆的山药品种。推荐选用通过地方审(鉴、认)定的优质山药品种或地理标志品种。宜选择山药选育品种:桂淮2号、那淮1号、桂淮7号、明淮1号、明淮2号、麻沙山药1号、闽选山药1号等,地方品种:桂平金田淮山、安顺山药等。

5.2 种薯处理

薯块或零余子均可做种,使用脱毒种薯或健康零余子。种茎质量标准:选择无病、无伤、肉质结实的薯块;播种前 10 d 左右,晒种 3 d,块茎切成长度 5 cm～8 cm,重量 50 g～100 g 的薯块;薯块晾晒 3 d 至切口收干、愈合。播种前用杀真菌剂和杀细菌剂浸种、晾干。采用集中催芽方式,种皮朝下,密集排列有序平铺在苗床上,覆盖 3 cm～5 cm 厚湿沙土,集中催芽 15 d～20 d,待新芽破口后播种。零余子用种质量标准为:重量大于 20 g、健康、无病虫害。

6 整地、栽培

6.1 整地施肥

选择前茬未种植薯类作物,地势较高、排灌方便、土层深厚的沙质土壤或疏松黄壤土。根据地块土质、土壤肥力,播前施充分腐熟农家肥 1 000 kg/亩～2 000 kg/亩、45％硫酸钾复合肥 30 kg/亩～50 kg/亩作底肥,施肥后深耕细耙;或起垄后沟施腐熟有机肥 200 kg/亩～400 kg/亩、45％硫酸钾复合肥 15 kg/亩～30 kg/亩。

6.2 栽培方法

6.2.1 粉垄栽培

播前采用机械粉垄机按照垄距 1.0 m～1.5 m,垄面宽 30 cm,沟深 1.0 m～1.2 m,垄高 20 cm 进行粉垄起畦。中小薯型品种株距 15 cm～20 cm,大薯型品种株距 25 cm～30 cm。

6.2.2 定向栽培

整地作畦,畦面宽 1.0 m～1.2 m,畦沟宽 30 cm～40 cm,畦沟深 20 cm 左右;丘陵缓坡地区沿坡面等高线作畦,畦面宽 1.2 m～1.6 m。用山药定向开槽机开槽沟,沟距 20 cm～30 cm,斜度 15°～20°,铺设塑料定向槽或硬质塑料片,槽内放置稻草、玉米秸秆、菇渣等填充材料。畦面上和定向槽内覆土厚度 10 cm～15 cm,顶部预留播种穴。覆土后畦面覆盖黑地膜、土工布等,并做好田间灌排沟系疏通。

6.2.3 打孔栽培

打孔栽培主要用于反季节栽培,对地势低缓、排灌方便的沙壤土水稻田,按 1.0 m～1.2 m 行距,采用钻孔机打孔种植。按块茎粗度选择孔径,孔距 20 cm～30 cm,孔深 0.8 m～1.0 m。孔洞周边施基肥,洞中填充稻草、细沙、椰糠等;沿播种行起垄,垄高 20 cm～30 cm,预留播种穴。

6.2.4 起垄栽培

采用旋耕起垄中耕一体机整地起垄,大垄垄距 1.6 m,双行行距 0.6 m,垄高 30 cm,小垄沟深 10 cm,株距 30 cm;或采用小型旋耕起垄机垄,单行种植,行距 0.8 m～1.1 m,垄高 30 cm,株距 20 cm～30 cm。播种后覆盖黑色地膜,并做好田间灌排沟系疏通。

6.3 适时播种

根据气候和地域差异,适播期从 3 月中下旬至 7 月中下旬,各地区应根据本地区光温条件、上市时间、种植茬口等合理确定播期,适期播种。早熟品种提前至 3 月上中旬播种,中晚熟品种适播期为 3 月中旬至 5 月上旬,反季节栽培区域可在 7 月中下旬播种。热带地区适当早播,高海拔地区适当晚播。

6.4 合理密植

根据当地地力情况,按照"肥沃土壤适当稀植,贫瘠土壤适当密植"原则确定种植密度。薯蓣类型品种采用粉垄栽培种植方式,种植密度为 3 000 株/亩;早中熟参薯和晚熟山薯类型品种采用粉垄栽培和定向栽培种植方式,粉垄栽培种植密度为 1 800 株/亩～2 000 株/亩,定向栽培种植密度为 1 200 株/亩～1 500 株/亩;短状山药品种采用起垄栽培种植方式,种植密度为 2 800 株/亩;褐苞薯蓣类型品种采用粉垄栽培方式,种植密度为 3 000 株/亩;反季节栽培主要品种有日本薯蓣和山薯类型品种,采用粉垄或打孔栽培方式,种植密度为 1 800 株/亩～2 200 株/亩。

7 田间管理

7.1 破膜放苗

播后注意巡田检查出苗情况,地膜覆盖栽培要及时破膜放苗,苗高 10 cm～20 cm 时,清除丛生苗、保留主茎,发现缺苗要及时补种。

7.2 搭架引蔓

苗高 50 cm 时,平地及地势较低地块,出苗后顺行向应及时用竹竿(木杆)架设高 2 m 的"×"形或"人"字形引蔓上架,也可架设 1.5 m～1.8 m 高网架引蔓;缓坡和地势较高的田块可采用矮架或无架栽培,将山药茎蔓覆盖在垄畦上。

7.3 中耕除草

播种后采用黑色地膜、土工布或防草布覆盖防草,同时结合追肥、培土等定期除草。

7.4 科学施肥

肥料使用等按 NY/T 394 规定严格执行。按照"有机肥为主,有机无机配合,生物菌肥、微生物元素合理补充"的施用原则,且少量多次。根据土壤肥力和植株长势,甩蔓发棵期追施尿素 3 kg/亩～5 kg/亩;块茎膨大初期追施 45%硫酸钾复合肥 15 kg/亩～30 kg/亩;膨大后期视植株长势情况喷施 0.2%磷酸二氢钾 2 次～3 次。反季节栽培地区减少底肥用量,后期可结合滴灌施用水溶肥。

7.5 合理灌溉

生长前期少补水,中后期视降雨情况和土壤墒情喷淋灌水,可采用膜下水肥一体化喷滴灌种植。快速生长期和块茎膨大期小水勤浇;夏季高温天气在定向槽畦面上覆盖玉米秸秆、稻草等,适当喷水降低土层温度;旱季每 7 d 淋水 1 次,滴灌每 10 d～12 d 淋水 1 次,保持土壤湿润;采收前 15 d～20 d 停止浇水。定期检查疏通田间排灌沟系,持续干旱要及时灌水,降雨后要及时排尽田间积水,确保"雨止田干"。

8 病虫害防治

8.1 主要病虫害种类

主要病害有炭疽病、褐斑病、根腐病等,主要虫害有线虫、叶蜂、蛴螬、缢管蚜等。

8.2 防治原则

山药绿色生产质量控制的关键环节主要是病虫害综合防控,坚持"预防为主、防治结合"的原则。优先科学合理采取农业、物理、生物防治措施,辅以安全合理的化学防控措施。

8.3 防控措施

8.3.1 农业防治

选用抗病品种和健康种薯,严禁从感染线虫疫区引种;采用水旱轮作或非寄主禾本科作物进行合理轮作,每 2 年轮作 1 次;科学施肥,以底肥为主,多施有机肥,增施钾肥,培育壮苗,增强植株抗病性。加强田间栽培管理,改善通风透光条件,发现重病株、病叶及时清除;应用覆盖材料防草结合中耕除草;合理灌溉,注意防涝,及时排除积水;清洁田园,减少第二年的病害的初浸染源,冬季进行种植沟的翻土,可以杀死部分越冬虫蛹。

8.3.2 物理防治

悬挂 30 块/亩～40 块/亩可降解黄板诱杀蚜虫;每 1 hm² 地块安装一盏频振式杀虫灯诱杀趋光性害虫地老虎、斜纹夜蛾、金龟子、蝼蛄等害虫成虫。采用糖醋液诱杀或人工捕杀小地老虎幼虫;人工捕杀叶蜂幼虫及摘除叶上虫卵;耕地时人工捡拾蛴螬加以消灭。

8.3.3 生物防治

创造保护有利于天敌生存的环境条件,不应使用广谱性杀虫剂,尽可能保护利用田间的益鸟、绒茧蜂、赤眼蜂、草蛉、食虫瓢虫、蛙类等害虫天敌。

8.3.4 化学防治

农药的使用严格按 NY/T 393 的规定执行,选用已登记农药,严格遵守施药浓度、施药方法、用药次数、安全间隔期,注意药剂轮换使用和合理搭配。防治方案参见附录 A。

9 采收、包装和储藏

9.1 采收

根据品种熟性和市场行情分批有序收获,选择晴天进行采收,注意防止机械损伤或切断块茎。早熟参薯品种一般在 8 月下旬开始采挖;薯蓣和褐苞薯蓣品种一般在 10 月中下旬开始采挖;晚熟山薯品种在 12 月下旬开始采挖,反季节栽培于翌年 2 月—4 月采收。

9.2 包装

山药产品包装应符合 NY/T 3569 的规定。按照绿色食品规格等级分别进行包装,包装上贴有绿色产品标识和产地标识。

9.3 储藏

山药储藏应符合 NY/T 1056 要求。山药薯宜冷库储藏,参薯、山薯类型品种收获后充分晾晒 2 d 入库,库温先升至 35 ℃封闭保持 48 h,随后库温降至保持在 12 ℃～15 ℃,相对湿度保持在 60%～70%;薯蓣类型品种库温保持在 4 ℃～8 ℃,相对湿度保持在 70%。储藏过程中要适当通风换气。

10 生产废弃物处理

10.1 山药茎蔓处理

茎蔓、残枝、落叶、根是山药许多病虫的主要越冬场所之一,收获后及时田间清洁田园,将他们集中清理进行沤肥利用。

10.2 地膜、农药、竹竿等处理

山药种植使用的地膜、生产中使用的肥料包装袋、农药瓶(袋)等废弃物回收,送到指定地点由有资质的部门集中处理,不得随地乱扔、掩埋或者焚烧,避免造成农田和水源的二次污染。可回收利用的竹竿、防草土工布、滴管带应该收拾好,统一存放到指定地方。

11 生产档案管理

根据绿色食品山药生产过程,建立详细田间生产档案。主要详细记录包括产地环境条件、生产技术、所用生产资料、水肥管理、病虫草害发生和防治、采收和采后处理等各环节的情况。生产档案保存 3 年以上,做到绿色食品山药生产可溯源。

附 录 A

（资料性附录）

闽粤赣等地区绿色食品山药生产主要病虫害防治方案

闽粤赣等地区绿色食品山药生产主要病虫害防治方案见表 A.1。

表 A.1 闽粤赣等地区绿色食品山药生产主要病虫害防治方案

防治对象	防治时期	农药名称	使用剂量	施药方法	安全间隔期,d
炭疽病	发病前或发病初期	32.5%苯甲·嘧菌酯悬浮剂	40 mL/亩～50 mL/亩	喷雾	14
褐斑病	发病前或发病初期	32.5%苯甲·嘧菌酯悬浮剂	15 mL/亩～25 mL/亩	喷雾	14
蛴螬	播种前	10%噻虫嗪悬浮剂	300 mL/亩～500 mL/亩	沟施	收获期
		3%辛硫磷颗粒剂	4 000 g/亩～8 000 g/亩	沟施	收获期
斜纹夜蛾、叶蜂	发生初盛期	25%灭幼脲悬浮剂	25 mL/亩～30 mL/亩	喷雾	21
注:农药使用以最新版本 NY/T 393 的规定为准。					

绿色食品生产操作规程

GFGC 2023A257

冀晋鲁等地区
绿色食品红花椒(北椒)生产操作规程

2023-04-25 发布

2023-05-01 实施

中国绿色食品发展中心 发布

前　言

本规程由中国绿色食品发展中心提出并归口。

本规程起草单位:甘肃省农业科学院农业质量标准与检测技术研究所、甘肃省绿色食品办公室、甘肃省农业科学院林果花卉研究所、陕西省农产品质量安全中心、山西省农产品质量安全中心、济南市农业技术推广服务中心、河北省农产品质量安全中心、陇南市经济林研究院花椒研究所、天水市果树研究所、天水市麦积区农产品质量安全监测中心、天水市麦积区果业发展中心、天水联程农业开发有限公司、陇南市武都区花椒服务中心、中国绿色食品发展中心。

本规程主要起草人:于安芬、满润、韩富军、曹永红、杨焕昱、李瑞琴、赵永强、汪国锋、钱永波、李永伟、王珏、郝志勇、亓翠玲、许文艳、李淑芳、王刚、常春、唐伟。

冀晋鲁等地区绿色食品红花椒(北椒)生产操作规程

1 范围

本规程规定了冀晋鲁等地区绿色食品红花椒(北椒)的产地环境、品种(苗木)选择、苗木繁育、栽植、田间管理、采收、生产废弃物处理、运输储藏、生产档案管理。

本规程适用于河北、山西、山东、陕西和甘肃地区的绿色食品红花椒(北椒)的生产。

2 规范性引用文件

下列文件对于本文件的应用是必不可少的。凡是注日期的引用文件,仅注日期的版本适用于本文件。凡是不注日期的引用文件,其最新版本(包括所有的修改单)适用于本文件。

GB/T 30391 花椒

GH/T 1354 废旧地膜回收技术规范

LY/T 3262 主要香调料产品质量等级

NY/T 391 绿色食品 产地环境质量

NY/T 393 绿色食品 农药使用准则

NY/T 394 绿色食品 肥料使用准则

NY/T 658 绿色食品 包装通用准则

NY/T 1056 绿色食品 储藏运输准则

中华人民共和国农业农村部 生态环境部令 2020 年第 7 号 农药包装废弃物回收处理管理办法

3 产地环境

3.1 基地选址

应远离城区、工矿区、交通主干线、工业污染源、生活垃圾场等,应具有较强的可持续生产能力,产地环境质量应符合 NY/T 391 的要求。

3.2 地形地势

选择地势开阔、背风向阳的浅山川台地、缓坡地、平地。坡地建园时修筑为梯田,外高里低,坡向为阳坡和半阳坡区。避开山顶或地势低洼、易涝地带。

3.3 土壤条件

选择土层深厚、疏松肥沃的壤土或沙壤土,pH 6.5～8.4,地下水位≤1.5 m,土层厚度≥30 cm,灌排方便。

3.4 气候条件

年平均气温 8 ℃～16 ℃均可栽培,最适宜气温 10 ℃～15 ℃;最适年降水量≥500 mm,且降水分布均匀;无霜期≥180 d,年日照时数≥1 800 h。

4 品种(苗木)选择

4.1 选择原则

根据花椒品种特性,选择适宜当地丰产、稳产、果穗大,无刺或少刺,方便采摘,抗逆性强(抗旱、抗寒、抗病虫、耐瘠薄等),具有自花结实能力强等优质特性的麻香爽口品种。

4.2 品种选用

4.2.1 主栽品种

推荐选用人红袍、二红袍、小红袍、白沙椒、狮子头、晋椒、早红椒、南强 1 号、韩城人红袍、凤椒、梅花椒、美凤椒、凤选 1 号、西农无刺椒、无刺梅花椒等品种。

4.2.2 砧木品种

选择适应当地自然条件的品种做砧木,品质纯正、果实成熟饱满的当地种源繁育而成的构椒、白(豆)椒、野花椒、臭椒、府谷椒、德国椒、七月椒、八月椒、叶里藏、长把子、棉椒等砧木品种。

5 苗木繁育

5.1 播种育苗

5.1.1 选地作床

选择地势平坦、背风向阳、灌排方便,土层深厚(≥30 cm)、土壤肥沃的沙壤土或中壤土,pH 6.5~8.0,两年内无重茬或未繁育过苗木的地块。冬前施入充分腐熟的农家肥 3 000 kg/亩~5 000 kg/亩,深翻 30 cm~40 cm,整地做床。床高 10 cm~15 cm、床宽 0.8 m~1.2 m,长度根据育苗地情况而定,床间步道 30 cm~50 cm。

5.1.2 种子准备

5.1.2.1 种子采集

选择适应当地条件、品种纯正、生长健壮、丰产稳产、品种优良、无病虫害的盛果期树为采种母树。当果实具备成熟时特有的色泽、有 2% 果实开裂时采收。

5.1.2.2 种子处理

采收后及时将果实摊放在阴凉通风处自然阴干开裂,人工敲击将种子和果皮分离。将种子储藏于通风、干燥、背阴处。气温下降后对准备春播的种子进行层积处理。层积处理前对种子进行水选,去掉空秕粒。再将种子与 3 倍~4 倍种子体积的湿沙(含水量 60%,手捏成团不滴水)混匀,在温度 2 ℃~7 ℃下,层积 90 d 以上。

5.1.2.3 催芽

层积后的种子,播前 5 d~10 d 移到室内或露天堆放,温度 20 ℃~30 ℃,用塑料膜覆盖。当种子 20% 露白时即可播种。

5.1.3 播种

5.1.3.1 播种时期

春播:土壤 10 cm 处地温达到 8 ℃~10 ℃时播种。一般为 3 月下旬至 4 月中旬。鸟害严重地区适宜春播。

秋播:早秋播在采收后立即播种,当年出苗,适用于比较温暖地区;晚秋播在 10 月下旬至 11 下旬播种,当年不出苗,适用于相对寒冷地区。

5.1.3.2 播种方法及播种量

5.1.3.2.1 条播

育砧木苗采用条播。在做好的苗床内开沟,深 3 cm~5 cm,沟间距 30 cm~40 cm。将种子均匀撒入沟内,覆盖一层 1 cm~2 cm 厚的细土或河沙,然后覆盖麦草或其他农作物秸秆,厚度以不露土壤为宜,覆盖物上适当压土。播种量 20 kg/亩~30 kg/亩。

5.1.3.2.2 撒播

育实生苗采用撒播。整地、做畦、灌水,待水渗后均匀撒播种子,播种量 30 kg/亩~50 kg/亩。播后覆盖 2 cm~3 cm 厚的细土或河沙。干旱或无灌溉条件的育苗地,播种后床面覆草或覆膜保湿,覆膜时苗床应低于地面 5 cm~10 cm。

5.1.4 苗木管理

5.1.4.1 苗床管理

播后浇 1 次透水。若遇春旱,出苗前可喷水保持土壤湿润。夏季如遇干旱和强光天气,晚上地温降低后浇水。秋播苗床在春季适时镇压,若干旱可在 3 月中下旬浇 1 次催芽水,并及时破除板结。60% 幼苗出土后,选择阴天或晴天傍晚逐渐撤除覆草和地膜,在幼苗 2 片真叶时全部撤除覆盖物。

5.1.4.2 间苗、定苗、除草

条播的幼苗长至 3 cm～4 cm、3 片真叶时开始间苗,10 cm 高度进行定苗,株距 15 cm～20 cm,留苗 12 000 株/亩～15 000 株/亩;撒播苗 3 片真叶时开始移至大田。结合定苗中耕除草,幼苗期人工除草 4 次～6 次。

5.1.4.3 灌水施肥

幼苗 2 片～3 片真叶后,每隔 20 d～30 d 结合灌水追肥 1 次,用 0.2％尿素＋0.2％磷酸二氢钾＋ 0.2％矮壮素混合后喷雾。8 月上旬喷施 1％磷酸二氢钾 1 次。

5.1.4.4 出圃

5.1.4.4.1 苗木质量

苗高≥50 cm,地径≥0.5 cm,根系保留主根长度≥15 cm,长度＞5 cm,Ⅰ级侧根数量＞3 条,苗龄 1 年～2 年。出圃苗木发育充实,芽体饱满,无冻害、无机械损伤及病虫危害。

5.1.4.4.2 出圃

一般自栽苗木应随起随栽,面积较大或距离较远时,宜在栽植前一天起苗,起苗深度 20 cm～25 cm。 土壤较干时,起苗前灌足水,待土壤稍干后再起苗,并保持根系完整。除雨季栽植外,春秋两季最好用混 有保水剂的泥浆蘸根后,按 50 株或 100 株打捆。运输距离较远时,应用湿麻袋遮盖或包裹。

5.2 嫁接育苗

5.2.1 嫁接时间

春季发芽前后和夏季新梢半木质化时均可嫁接。

5.2.1 嫁接前准备

5.2.1.1 砧木

砧木苗的培育方法同 5.1。选择生长健壮、无病害、地径 0.5 cm 以上的实生苗作为砧木。嫁接前 20 d～30 d,将砧木苗离地 15 cm 内的皮刺、叶片和萌枝全部除去。

5.2.1.2 接穗

就近选择品质纯正、生长健壮、无病虫害的大红椒、梅花椒等成年结果树上粗度 0.4 cm～0.6 cm 芽 体饱满、枝条充实、皮刺少的秋梢作为接穗。春季嫁接采穗:必须在芽体萌动前半月左右采集,没有储藏 条件的,一般按海拔由低到高自然采穗,延长嫁接时间。夏季嫁接采穗一般采取就近随采随接的方法。 如不能及时嫁接,接穗枝条剔除叶刺,每 50 条或 100 条打成一捆,用湿麻袋包裹,在 5 ℃以下湿润环境 中储藏。

5.2.2 嫁接方法

嫁接前先去除嫁接部位以下抽发的萌芽。嫁接方法可采用枝接和芽接。枝接包括切接(3 月中 旬至 4 月上旬,适用于地径 1 cm～2 cm 砧木嫁接)、皮下腹接(5 月中旬至 6 月上旬,适用于不萌发的接 穗嫁接)和单芽腹接,芽接包括嵌芽接(惊蛰前后嫁接)和"T"形芽接(7 月中旬至 8 月中旬嫁接)。

5.2.3 嫁接苗管理

嫁接后 7 d～15 d 检查成活率,如接穗枯萎变色,及时补接;嫁接 45 d～60 d 接口愈合后及时解绑;及 时抹除砧木上萌芽;芽接和腹接苗在接穗发芽时剪砧,切接苗在接穗抽梢后另立支柱扶直,以防风折;嫁接 苗长至 50 cm～65 cm 时摘心;及时中耕除草,中耕深度 2 cm～4 cm;5 月下旬至 6 月下旬,追肥 1 次～2 次, 以速效性氮肥为主,10 kg/亩;春、夏季注意灌溉或排水,秋季控水促进苗木充实,入冬后灌 1 次封冻水。

5.2.4 出圃

嫁接苗出圃同 5.1.4.4。

5.3 高接换优

5.3.1 接穗选择

对低产劣质花椒树种进行优良接穗、接芽嫁接。选择大红袍、梅花椒等品种的丰产性能好、果穗大、

树势强、无病虫害的采穗母树,采集一年生木质化程度较高、枝条粗壮、芽饱满的枝条做接穗,剪去叶片,留 0.5 cm 长叶柄。

5.3.2 嫁接时间

3月中旬至4月中旬,即清明节前后进行高接工作,其中以3月下旬至4月上旬为花椒高接适宜期。

5.3.3 嫁接方式

选择成活率好的腹接、劈接两种嫁接方法,花椒萌芽展叶时采用插皮接法嫁接;切接法成活率较低,生产上不宜采用。

5.3.4 嫁接后管理

嫁接成活后,及时抹除砧木萌芽。接穗或接芽萌芽后及时解绑。抽梢后另立支柱扶直,防止风折。新梢长至 50 cm～80 cm 时摘心。冬剪时从接芽上方 0.5 cm 处剪除砧木。

6 栽植

6.1 建园整地

花椒建园,干旱、瘠薄的山台地应在当地雨季前整地结束,立地条件好的地块可随整地随栽植。

6.1.1 块状整地

适应于面积较大、土地条件较好的地块。将用于建园的整块土地,每亩撒施优质农家肥 4 000 kg/亩～5 000 kg/亩,施后深翻 30 cm～50 cm 耙平,提前挖定植穴规格:60 cm×60 cm×60 cm。

6.1.2 穴状整地

适用于地埂栽植,或者零星栽植。距埂边 60 cm,开挖 60 cm×60 cm×60 cm 的栽植穴,将表土和心土分开堆放。

6.1.3 带状整地

适用于坡度较大、土地条件较差的地块。以设计好的行距为依据安排带行距,开挖宽 1 m、深 30 cm 的栽植带,栽植时在带内按株距挖定植穴。

6.2 栽植方式

6.2.1 栽植密度

花椒定植时的株距和行距,具体要依园地土壤肥水条件、品种特性及具体树型来确定。平坦地,水肥条件好,则树体生长量大,宜稀植;反之,坡地、台地、水肥条件差,则树体生长量小,宜密植,提高单位面积产出量。一般每亩栽 50 株～80 株。平地纯花椒树建园,株行距一般为 2 m×5 m,3 m×3 m,3 m×4 m;沟坡地花椒树建园,株行距应因地制宜,一般 2.5 m×(3.5～4)m;梯田花椒树株距一般为 3 m～3.5 m。

6.2.2 栽植季节

有灌溉条件的地区在春季土壤解冻后至苗木芽体开始膨大时定植;秋季在9月下旬至11月中旬下雨之前带叶定植;冬季在土壤封冻前定植;干旱山塬地区,在雨季(8月—10月)应在雨后立即抢墒栽植。

6.2.3 栽植方法

定植穴内先将农家肥与表土混匀回填,混肥土壤不要直接与根系接触。将苗木根系适度修剪、在水中浸泡 2 h～4 h 后蘸泥浆放入穴中央,舒展根系,先填表土,埋土至苗株根际原土痕处轻轻向上提苗,扶正,踏实,浇足定苗水。栽植深度以苗木根颈略高出地面为宜,鱼鳞坑栽植的苗木栽在内坡中下部。

7 田间管理

7.1 栽后管理

干旱地区对栽植后苗木全部覆盖 1.0 m²～1.2 m² 的黑色地膜保湿增温。定植后在 40 cm 左右饱满芽处定干。秋栽苗全株埋土越冬,当春季气温回升、苗木萌发时及时刨土放苗;夏季检查如有缺苗,在秋末初冬或土壤解冻后移栽品种一致、苗龄相仿的椒苗补植。在生长季,及时中耕除草,每年至少 2 次～4 次。

7.2 灌溉

7.2.1 灌溉时间与方式

幼龄椒园,秋栽苗去土后灌水1次,春栽苗栽后15 d左右灌水1次,灌后覆土3 cm～5 cm保墒。越冬前、早春解冻后灌水,生长期内若发生干旱(田间土壤相对含水量在60%以下时)应及时灌水;成年期椒园除灌好越冬水和早春水,开花结果期间(4月上旬至8月上旬)浇透水1次～2次;旱地椒园,雨季集流灌溉,采取树盘内覆盖地毡或黑色地膜蓄存自然降水、覆盖秸秆(厚20 cm～30 cm)保墒,春秋刨树盘和中耕除草等抗旱栽培措施减少地表水分蒸发,冬季土壤封冻前对树盘进覆膜保墒。

7.2.2 灌溉量

根据树体大小和当地降水情况,每穴灌水10 kg～40 kg。

7.3 施肥

7.3.1 施肥原则

肥料使用应符合NY/T 394的要求。以农家肥料、有机肥料、微生物肥料为主,化肥为辅,在保障花椒营养有效供给的基础上减少化肥用量,兼顾元素之间的比例平衡,有机氮与无机氮之比不超过1:1。开展测土配方,精准施肥,促进化肥减量增效。

7.3.2 施肥时期

基肥最适时期为秋季落叶前,其次是落叶至封冻前,以及春季解冻后至发芽前;追肥在开花前、开花后、花芽分化前和秋季4个时期施用。

7.3.3 施肥时期、种类和施肥量

7.3.3.1 基肥

秋季果实采收后结合深翻施入基肥,以腐熟有机肥为主,施肥量按树冠投影面积5 kg/m² 左右,混施适量过磷酸钙。采用沟状施肥,施肥后立即浇水。保肥力强的壤土要深施,沙地在多雨季节要浅施。

7.3.3.2 追肥

在花前或化后进行追肥,以速效性氮肥、磷肥和钾肥为主,少量补施铁、锌等微肥。施复合肥100 g/m²～150 g/m²,追肥深度10 cm～15 cm。

7.3.3.3 根外施肥

花期喷施0.2%硼酸和0.3%尿素混合溶液1次,坐果后到采收前,结合病虫害防治,每20 d左右喷施0.3%～0.5%尿素和0.2%～0.5%磷酸二氢钾混合液1次。全年喷布2次～4次。

7.3.3.4 水肥一体化施肥

选择专用水溶性有机肥、生物肥和中微量肥,并配施适量复合肥。氮磷钾水溶肥浓度为4%左右,有机肥浓度为4%～5%。对于特别干旱的土壤,适当增加配水量;新栽幼树,肥料浓度降低1/4～1/2。

7.3.4 施肥方式

7.3.4.1 全园施肥

适用于成年椒树和密植椒园。将肥料撒于地表,结合秋耕和春耕翻至地下20 cm～30 cm土层。

7.3.4.2 环状施肥

适用于幼龄椒园。结合翻耕在树冠外缘附近开深20 cm～30 cm的环状沟,宽30 cm,将肥料均匀撒入后与土拌匀,用熟土覆盖后再填压。

7.3.4.3 放射状施肥

适用于成年椒树,在距树干1 m处向外挖放射状沟6条～10条。沟深20 cm～30 cm,靠近主干处宜浅,向外渐深。沟宽20 cm～50 cm,将肥料均匀施入沟内后填平。

7.3.4.4 条状施肥

适用于成年椒园、密植椒园机械化施肥,在树行间或株间开条状沟,深、宽各30 cm,施肥后覆土填平;分年在株间、行间轮换开沟,将肥料均匀施入后再进行填平。

7.3.4.5 穴状施肥

适用于椒粮间作或零星椒树。在树冠外缘均匀地挖穴 4 个～8 个,穴深 20 cm～30 cm、宽 30 cm,肥料施入穴内,覆土后填平。

7.3.4.6 水肥一体化施肥

配方精准施肥可根据花椒树体大小,在树冠投影外延区域(根系集中分布层)打 4 个～16 个追肥孔,用追肥枪施肥深度 25 cm～35 cm,每个孔施肥 10 s～15 s。注入专用水溶性有机肥、生物肥和中微量肥液量 1.0 kg～1.5 kg,两个注肥孔之间距离不小于 50 cm。按树冠大小,可分别在开花前、坐果期、采收前、采收后追施高氮、高钾水溶肥 5 kg/株～30 kg/株。

7.4 霜冻、冻害预防

早、晚霜来临,应在椒园迎风面和园内每亩堆置草根、落叶等 10 堆～15 堆;或者采用锯末、麦糠等按照 3∶7 的比例进行配置制成烟雾剂,每亩用量 3 kg。点火时间应根据当地天气预报,在椒园气温降至 3 ℃以下时进行。

秋末和冬季栽植的苗木,立冬后采取树盘覆膜、树干培土、主干涂白、树干包草、设立风障等措施保温防冻。冻害严重地区大树主干培土,幼树在树干周围覆盖地膜或者整株培土。培土高度 20 cm～50 cm,培土时苗木比土堆高出 1 cm～2 cm。翌年开春气温升高、土壤解冻前分三次拔除堆土,取土时间为每次间隔 3 d～5 d。

7.5 病虫害防治

7.5.1 防治原则

坚持"预防为主、综合防治"的原则,以农业防治、物理防治、生物防治为主,化学防治为辅,科学、综合、协调利用各类防治手段,有效控制病虫危害。农药使用应符合 NY/T 393 的规定。

7.5.2 常见病虫害

花椒树主要病害:干腐病(流胶病、黑胫病)、锈病、炭疽病;主要虫害:天牛、介壳虫、蚜虫、蛾蝶、螨虫。

7.5.3 防治措施

7.5.3.1 农业防治

选栽抗病、抗逆性强的优良品种;科学选址建园,合理选择苗圃田,优化种植结构;冬、春季剪除病虫枝、干枯枝,清除落叶、杂草,刮除树干老翘皮,集中烧毁或无害化处理,减少病虫源,降低病虫基数;冬春耕翻树盘、基部堆土、树盘覆膜、树干涂白、灌足冬水,减少越冬害虫;加强水肥管理,通过科学整形修剪、深耕施肥、椒园生草、秸秆覆盖、增施有机肥、旱浇涝排、中耕除草等措施强壮树势,提高树体抵御病虫害能力;对受害严重且已经失去生产能力的花椒树,及时砍伐烧毁,消灭虫源;采用灌水法和挖掘法消灭鼠害。

7.5.3.2 物理防治

7.5.3.2.1 诱杀害虫

4 月中旬至 5 月中旬花椒蚜虫盛发期,在花椒园内悬挂黄色粘虫板(规格 30 cm×40 cm,每亩悬挂 15 片～20 片)诱杀有翅蚜虫;在成虫发生期,椒园放置糖醋液,或晚上利用黑光灯或堆火诱杀。

7.5.3.2.2 人工防治窄吉丁幼虫

在 4 月上旬至 5 月上旬花椒窄吉丁越冬幼虫活动期、7 月下旬初孵幼虫钻蛀树干流胶期,及时刮除新鲜胶液,或敲击流胶病斑部位,挤压、击死树皮下窄吉丁幼虫,并将干枯腐烂胶疤连同幼虫一起刮除、烧毁;在 5 月上旬窄吉丁虫成虫羽化前,用塑料纸、牛皮纸、草绳等将树干 40 cm 以下部位包裹绑扎或用黏土及细麦草合成泥浆涂抹树干,阻止外来成虫产卵。

7.5.3.2.3 人工防治天牛

从 10 月到翌年 3 月下旬,器械敲击花椒天牛钻蛀枝干处(油渍、流胶部位),杀死复纹狭天牛、虎天牛低龄幼虫。或用细钢丝对在树干孔洞内的幼虫刺杀。

7.5.3.3 生物防治

充分保护和利用天敌，以菌治菌，以菌治虫，以虫治虫，使用生物农药。如人工助迁和保护有益瓢虫、草蛉、食蚜蝇等捕食性天敌和寄生蜂、啄木鸟等天敌；林间套种对害虫具有趋避作用的植物；将寄生蜂寄生的越冬蛹，从花椒枝上剪下来，放置室内，寄生蜂羽化后放回椒园，使其继续寄生，控制凤蝶发生数量；保护利用七星瓢虫、花椒啮小蜂控制蚜虫、介壳虫、花椒窄吉丁；人工繁育释放肿腿蜂控制花椒天牛；利用昆虫性外激素诱杀或干扰成虫交配；使用金龟子绿僵菌等生物源农药。

7.5.3.4 化学防治

根据病虫害发生规律进行化学防治，以防为主，农药使用以矿物源、植物源和生物源农药为主，采取轮换使用或混用方式，避免连续施用单一农药。防治方案参见附录A。

7.6 整形、修剪

7.6.1 整形

7.6.1.1 整形原则

新植树选定树型，严格控制，规范修剪，一步到位。原有大树因树修剪，随树造型，合理修剪，逐步改善。长势旺盛的椒树轻剪，老树、弱树、营养不良的椒树重剪，长势中庸的椒树轻重结合修剪。

7.6.1.2 树型

常见树型有多主枝丛状形、自然开心形、三角形。

7.6.1.2.1 多主枝丛状形

栽植第1年从基部5 cm～10 cm处截干，从根基部萌发枝条。第2年保留5个～6个主枝后长至40 cm～50 cm时摘心，促发二次梢培养第1侧枝，使其分布在各主枝的同一方向。在主、侧枝的对面，培养成结果枝。第3年在主枝延长枝60 cm处摘心，第4年在主枝延长枝60 cm处短截即培养成形。早产密植树园采用这种树型，但是主枝多，长成后枝条拥挤，后期树势易衰老，整形时要及时疏除过密枝、细弱枝、病虫枝、交叉枝、重叠枝。

7.6.1.2.2 自然开心形

当年栽植后定干高度30 cm～40 cm，于主干30 cm处开始留第1侧枝。第2年在不同方向留主枝3个～5个，基角50°～60°，每个主枝培养侧枝2个～3个。以后每年在各主枝延长枝50 cm处短截，促发侧枝，第4年后就可以培养成形。或培养成双层开心形(也叫疏层小冠形)，树高不超过2 m，共有两层，主枝5个～7个，侧枝10个～21个，第1层3个～4个主枝，第2层2个～3个主枝，层间距80 cm。

7.6.1.2.3 三角形

定植当年，距地面30 cm定干截头。第2年选留3个分布在3个方向的主枝，最好是北、西南、东南各一主枝，基角保持在60°～70°，每个主枝上配4个～7个侧枝，结果枝和结果枝组均匀地分布在主枝两侧。

7.6.2 修剪

7.6.2.1 修剪时期

7.6.2.1.1 冬剪

从落叶后到翌年发芽前的整个休眠期，对枝条进行短截、疏剪、甩放、回缩等。

7.6.2.1.2 夏剪

从萌芽后到停止生长的整个生长季节，对嫩枝进行摘心、抹芽、除萌等。

7.6.2.2 幼龄树修剪

掌握整形与结果并重的原则，栽后第2年均匀保留主枝5个～7个进行短截。其余枝条不进行短截，疏除密挤枝、细弱枝、病虫枝，保留强壮枝。

7.6.2.3 结果树修剪

对结果枝要去强留弱，交错占用空间，做到内外留枝均匀，处处能伸进拳头，便于采收。并结合短截营养枝,对生长中庸的营养枝先行缓放,结果后回缩成枝组。对有空间生长的旺枝先轻短截,第2年去强留弱,培养成结果枝组。在采收后疏剪多余大枝,对冠内枝条进行细致修剪,以疏为主,疏除病虫枝、交叉枝、重叠枝、密生枝、徒长枝,整形修剪后树冠内能通风透光。

7.6.2.4 衰老树修剪

及时疏除部分重叠交叉、老弱枝、病虫枝,回缩主枝和侧枝、复壮结果母枝,选留壮枝做延长枝,内膛徒长枝短截培养成结果枝组。采用四疏四保法:即疏除细弱枝,保留健壮枝,疏除下垂枝,保留背上斜生枝、疏除病虫枝,保留健壮枝,疏除回缩衰老枝,保留健壮新生枝。

8 采收

8.1 采收时间

6月下旬至9月上旬,当花椒果皮全部变红、油腺突起、种子完全变黑、少数果皮开裂时采收,摘果选择在露水干后的晴天进行。

8.2 采收方法

用手指从果穗基部掐取果穗(禁掐捏果皮油腺点),也可用剪刀将果实随果穗一起剪下,注意不能伤到腋芽。轻摘轻放,所用器具应洁净、无污染。

8.3 收后处理

8.3.1 干制

采用在阳光下自然晾晒或烘烤(50 ℃～60 ℃)干燥进行干制。晾晒时应将鲜花椒摊平于洁净、无污染的场所。产品质量应符合 GB/T 30391 的要求。

8.3.2 分级

按照 LY/T 3262 中红花椒产品质量等级指标的规定执行。

8.3.3 包装

包装材料应符合食品卫生要求。内包装应用铝塑复合袋或聚乙烯薄膜袋(厚度≥0.18 mm)密封包装,外包装可用编织袋、麻袋、纸箱(盒)、塑料袋或盒等。所有包装应封口严实、牢固、完好、洁净。符合 NY/T 658 的要求。

9 生产废弃物处理

椒园中的落叶和修剪下的枝条,带出园外进行无害化处理。废弃的地膜及时清除,回收按照 GH/T 1354 的规定执行。农药包装废弃物的回收处理按中华人民共和国农业农村部 生态环境部令 2020 年第 7 号的规定执行。

10 运输储藏

10.1 运输

运输工具清洁、卫生、干燥、无污染、无异味。运输过程中采取防暴晒、防污染、防雨淋、防潮措施,装卸搬运时轻搬、轻放,严禁与有毒害、有异味的物品混运。符合 NY/T 1056 的要求。

10.2 储藏

10.2.1 常温储藏

库房要通风、防潮、清洁。袋装干花椒储藏时堆垛应离墙、离地 30 cm 以上,垛高不超过 3 m,大堆垛留走道和通风道,装卸和堆垛时禁止蹬踩;散装干花椒储藏时地面应清扫干净并衬垫隔离物。严禁与有毒害、有异味的物品混放,设置防鼠设施。符合 NY/T 1056 的要求。

10.2.2 冷库保鲜储藏(保鲜花椒)

冷库温度保持在 0 ℃～5 ℃,塑料袋包装、封口严实。储藏时堆垛应离墙、离地≥30 cm,选用托盘放置,跺高距库顶≤1 m。

11 生产档案管理

建立绿色食品花椒生产档案并保存相关记录。记录内容包括产地环境条件、生产技术、肥水管理、病虫草害发生和防治、生产资料购买、肥料使用管理、田间农事操作、农产品质量检测、采收及采后处理、包装、储运、销售和产品合格证使用记录,以及产品销售后的申、投诉记录等,记录至少保存 3 年以上。

附 录 A

（资料性附录）

冀晋鲁等地区绿色食品红花椒(北椒)生产主要病虫害防治及调节生长方案

冀晋鲁等地区绿色食品红花椒(北椒)生产主要病虫害防治及调节生长方案见表 A.1。

表 A.1 冀晋鲁等地区绿色食品红花椒(北椒)生产主要病虫害防治及调节生长方案

防治对象	防治时期	农药名称	使用剂量	施药方法	安全间隔期,d
锈病	发生前或发生初期	40％丙环唑水乳剂	2 500 倍～5 000 倍液	喷雾	28
蚜虫	发生初盛期	8％氟啶虫酰胺可分散油悬浮剂	37.5 mL/L～62.5 mL/L	喷雾	28
	若虫始盛期	46％氟啶·啶虫脒水分散粒剂	8 000 倍～12 000 倍液	喷雾(嫩梢、叶及萌蘖)	14
	卵孵化盛期或低龄幼虫期	80 亿孢了/mL 金龟了绿僵菌 CQMa421 可分散油悬浮剂	500 倍～1 000 倍液	喷雾	—
蚜虫、介壳虫	发生初期	35％啶虫脒·氟啶虫酰胺水分散粒剂	5 000 倍～7 000 倍液	喷雾	28
介壳虫	发生期	33％螺虫·噻嗪酮悬浮剂	2 000 倍～3 000 倍液	喷雾	28
调节生长	夏季大枝修剪后，新梢 20 cm～40 cm 长时	5％烯效唑可湿性粉剂	500 倍～2 000 倍液	喷雾	—

注:农药使用以最新版本 NY/T 393 的规定为准。

绿色食品生产操作规程

GFGC 2023A258

云贵川等地区
绿色食品红花椒(南椒)生产操作规程

2023-04-25 发布

2023-05-01 实施

中国绿色食品发展中心 发布

前　言

本规程由中国绿色食品发展中心提出并归口。

本规程起草单位：四川省绿色食品发展中心、四川省农业科学院农业质量标准与检测技术研究所、中国绿色食品发展中心、四川省林业科学研究院、汉源县农业农村局、湖北省绿色食品管理办公室、湖南省绿色食品办公室、云南省绿色食品发展中心、贵州省绿色食品发展中心。

本规程主要起草人：王艳蓉、代天飞、杨晓凤、张宪、王多玉、杨志武、曾顺友、李锡英、杨远通、左雄建、王祥尊、代振江。

云贵川等地区绿色食品红花椒(南椒)生产操作规程

1 范围

本规程规定了云贵川等地区绿色食品红花椒(南椒)的产地环境、品种选择、育苗与移栽、田间管理、采收、生产废弃物处理、储藏和生产档案管理。

本规程适用于湖北、湖南、四川、贵州、云南地区的绿色食品红花椒(南椒)生产。

2 规范性引用文件

下列文件对于本文件的应用是必不可少的。凡是注日期的引用文件,仅注日期的版本适用于本文件。凡是不注日期的引用文件,其最新版本(包括所有的修改单)适用于本文件。

NY/T 391 绿色食品 产地环境质量

NY/T 393 绿色食品 农药使用准则

NY/T 394 绿色食品 肥料使用准则

NY/T 658 绿色食品 包装通用准则

NY/T 1056 绿色食品 储藏运输准则

NY/T 1118 测土配方施肥技术规范

3 产地环境

3.1 气候条件

以年日照时数1 400 h以上,年平均气温10 ℃～16 ℃,年降水量500 mm～800 mm为宜。

3.2 土壤条件

选择排灌方便、耕层深厚、土质疏松、通气性好的中性或微酸性黄棕壤、棕壤、黄壤或紫色土。

3.3 地形地势

阳坡或半阳坡,海拔1 200 m～2 300 m的坡地或平地。

3.4 产地环境质量

应符合NY/T 391的要求。

4 品种选择

4.1 选择原则

因地制宜选用审定推广的品种纯正、抗逆性强、高产的优良红花椒品种。

4.2 品种选用

湖北推荐选用韩城大红袍、甘肃小红袍、汉源贡椒等;湖南推荐选用本地红花椒等;四川推荐选用茂县花椒、汉源花椒、灵山正路椒、越西贡椒等;贵州推荐选用本地红花椒等;云南推荐选用大红袍、血椒等。若最新公布的淘汰品种名单中有以上品种,则淘汰对应品种。

5 育苗与移栽

5.1 种子育苗

5.1.1 苗圃

苗圃地宜选择向阳背风、排水良好、地势平坦、土层深厚、土质肥沃、透气性好的沙壤土,且靠近水源、交通方便、病虫害少、无根腐病的地块。

5.1.2 采种母树

选择品种纯正、树势健壮、产量较高、无病虫害的盛果期植株作为采种母树。

5.1.3 种子采集与处理

待采种母树的花椒充分成熟后,选择晴天采收。采后摊放于通风干燥、无阳光直射的地方,直至果皮晾干开裂,筛出种子,倒入水中,取下沉水底的饱满种子,阴干作种。

5.1.4 播种

3月—4月或10月—11月,按25 kg/亩～50 kg/亩计算用种量播种,种子均匀撒于厢面,覆1 cm细土,覆土后可撒锯木或谷壳保湿抑草。及时为育苗的种子补足水分,可配合塑料薄膜、秸秆覆盖保温、保墒等技术促进花椒整齐出苗。在幼苗生长至6 cm～8 cm,且有2片真叶时即可移栽。

5.2 嫁接育苗

5.2.1 砧木选择

选择当地抗性强、品质较好的红花椒、野花椒种子培育优质砧木。

5.2.2 接穗采集

宜选择当年生芽体饱满、木质化或半木质化、节间短、无病虫害的枝条,基部直径为0.4 cm～0.8 cm。春季嫁接用穗条,宜在冬季落叶后至春季萌动前采集,夏季芽接可随采随用。

5.2.3 嫁接时间

根据当地气候条件,一般枝接在3月,芽接在6月进行。

5.2.4 嫁接方法及管理

采用硬枝切接法嫁接。嫁接后及时抹除嫁接口以下萌发出的嫩芽,3次～4次除萌。嫁接45 d～60 d接口愈合后,及时解绑。

5.3 定植

5.3.1 定植时间

根据气候条件、品种特性选择适宜栽期,宜在萌芽前栽植。

5.3.2 定植密度

株行距以(2 m～3 m)×(2 m～4 m)为宜,坡地应沿等高线栽植,平地宜沿南北行向栽植。

5.3.3 定植方法

栽植前剪掉裂根、烂根。先在回填好的栽植坑中刨一小坑,规格为30 cm×30 cm×30 cm,每穴施农家肥3 kg～5 kg,过磷酸钙50 g,肥料与土壤拌匀,再将椒苗根系自然展开放于坑中,回填细土覆盖根系,做到"三埋、两踩、一提苗"。确保根颈部露出1 cm～2 cm,浇透定根水,在树盘处覆盖100 cm×100 cm的地膜,及时做好保温、抗旱、防涝措施。大苗移栽时剪掉头部,留30 cm～50 cm,作为生长预留主枝的中心基干,提高成活率。

6 田间管理

6.1 深翻培土

秋冬季节落叶后,以树盘为单位,对椒园林地深翻1次,自定植穴或冠幅边缘逐年向外扩穴,宽度宜为30 cm～40 cm,深度宜为10 cm～20 cm,直至与周边相邻植株交叉为止。坡地上栽植时土壤易流失,每年冬季在椒树周围培土,增厚土层,保水防寒。

6.2 施肥

6.2.1 施肥原则

推行测土配方施肥,施肥技术规范应符合NY/T 1118的要求。生产过程中肥料种类的选取应以农家肥料、有机肥料、微生物肥料为主,化学肥料为辅。无机氮素用量不得高于当季作物需求量的一半。使用的肥料应符合NY/T 394的要求。

6.2.2 施肥时期和施肥量

6.2.2.1 幼树施肥

栽后第1年~2年培育树冠,基肥的使用量不宜过多。每亩施腐熟农家肥1 000 kg~1 500 kg,根据枝干的生长情况适量追肥,幼树生长后期减少或停止氮肥的施用。

6.2.2.2 结果树施肥

结果树根据不同树龄合理施肥。一般每亩施腐熟农家肥2 000 kg~3 000 kg作底肥,初挂果树在5月中下旬进入需肥高峰期,每亩追施复合肥(N:P:K=15:15:15)20 kg~30 kg。盛果期树施肥量较大,每亩追施复合肥30 kg~40 kg。衰老期树在5月追肥1次,每亩施用复合肥(N:P:K=15:15:15)20 kg~30 kg,7月再追施1次,每亩施复合肥(N:P:K=15:15:15)10 kg~20 kg。除土壤施肥外,还需适时进行叶面肥的喷施,初花期喷施0.2%~0.3%磷酸二氢钾和0.1%硼肥,盛花期和挂果期再各喷1次。

6.2.3 施肥方法

6.2.3.1 环状施肥

幼龄红花椒根系分布范围小,多采用此法施肥。以树干为中心,在树冠周围挖一环状沟,沟宽30 cm~40 cm,深度因树龄和根的分布范围而异。幼树在根系分布的外围挖沟时,按照20 cm的标准,控制沟的深度;大树在树冠外围挖沟时,深20 cm~30 cm为宜,以免伤根过多。挖好沟以后,将肥料与土混匀施入,覆土填平,随根系的扩展,环状沟相应扩大,也可与花椒树扩穴结合进行。

6.2.3.2 条状施肥

在宽行密植的红花椒园常采用,也便于机械化施肥。在红花椒树行间开沟施入肥料,也可结合红花椒园深翻进行。

6.2.3.3 穴状施肥

这种施肥方法多在椒粮间作园或零星椒树追肥时采用。施肥前,在树冠投影的2/3以外,均匀挖若干小穴,穴的直径40 cm~50 cm,然后将肥料施入,用土覆盖。

6.2.3.4 放射状施肥

适于成年红花椒树。根据树冠大小,在距树干1 m处开始向外挖放射沟6条~10条。沟的长度可到树冠外缘,沟的深宽与环状沟相同,但需注意内浅外深,避免伤及大根,沟内施肥后随即覆土。每年挖沟时,应变换位置。

6.3 灌溉

根据土壤墒情及时补充水分,施肥后及时灌溉,春季及初夏各灌溉1次~2次,仲夏后少灌水或不灌水,保持土壤水分使得树叶不萎蔫,秋梢不旺长为宜。雨季应注意疏通排水沟,避免园内滞水引起根系腐烂、苗木死亡。

6.4 整形修剪

红花椒整形修剪,因树龄、地区等不同,修剪时期和修剪方法略有不同,一般宜在红花椒休眠期进行。

6.4.1 幼树修剪

以选留主枝、培养树型为主,利用撑、拉、吊等方法,开张分枝角度宜为45°~60°。一年生椒苗定植后,在树干基部选留3个~4个健壮而不同方位的新梢作主枝,主枝可适当长放扩大树冠,第一年主枝留60 cm~70 cm,其余年份以缓放和拉枝开角为主。疏除过密枝、交叉枝、重叠枝、病虫枝等,保持树冠内通风透光。

6.4.2 盛果期树修剪

培养和调整各类枝组,适当疏外养内、疏前促后,改善冠内光照,培育结果枝。采后及时修剪,更新多年生结果枝,疏除过密枝、交叉枝、重叠枝、病虫枝,对强壮结果枝进行长放处理。

6.4.3 衰老树修剪

及时更新复壮结果枝组和骨干枝,适当回缩重剪,剪除衰弱枝、病虫枝,促进萌发新枝。充分利用徒长枝、强壮枝代替主枝,重新培养结果枝组。

6.5 病虫草害防治

6.5.1 防治原则

坚持"预防为主、综合防治"的原则,优先采用农业防治、物理防治和生物防治技术,配合使用化学防治技术。

6.5.2 主要病虫草害

主要病害有根腐病、锈病、褐斑病、膏药病、流胶病、炭疽病等。

主要虫害有花椒天牛、蚜虫、花椒凤蝶、介壳虫、黑绒金龟子、花椒瘿蚊、吉丁虫等。

主要草害有马唐、香附子、狗尾草等。

6.5.3 防治方法

6.5.3.1 农业防治

禁止从疫区引入种苗;因地制宜选用抗病虫品种,加强苗床管理,培育壮苗,采收后及时清园;采用休眠期树干涂白、石硫合剂清园等农业措施。

6.5.3.2 物理防治

应用糖醋液诱杀、黄板诱集、安装杀虫灯、人工捕捉害虫等物理措施。用糖、醋、酒、水按1:4:1:16比例配成诱杀液,每亩放置4盆~6盆,随时添加药液,以占容器体积1/2为宜,诱杀花椒粉蝶、黑绒金龟子等害虫;田间按每亩安插黄板或蓝板20张~25张诱杀蚜虫、花椒瘿蚊等害虫,害虫高发期每15 d更换1次;同时,每10亩~20亩安置1盏太阳能杀虫灯,诱杀花椒瘿蚊等害虫。

6.5.3.3 生物防治

保护利用天敌,以虫治虫,在花椒园为天敌提供栖息场所和迁移条件,保护天敌种群多样性,如七星瓢虫捕食蚜虫;利用性诱剂诱杀害虫,如凤蝶性诱剂等;推广使用生物农药防治病虫害,如绿僵菌防治蚜虫等。

6.5.3.4 化学防治

加强病虫预测预报,选择防治适期,提倡使用高效、低毒、低残留,与环境相容性好的农药,提倡兼治和不同作用机理农药交替使用,严格执行农药安全间隔期,推广使用新型高效施药器械,农药品种的选择和使用应符合 NY/T 393 的要求。防治方案参见附录 A。

7 采收

7.1 采收时间及方式

7.1.1 采收时间

果实进入成熟期后,红花椒色泽鲜红且油泡光亮,即可安排采收,宜选择晴天。

7.1.2 采收方式

根据花椒成熟度分批采收。按先上后下、先外后内的顺序,抓住果穗柄整穗采摘,避免损坏果实上的油囊,不应用力挤压。

7.2 采后处理

7.2.1 自然晾晒

在晴天将椒果薄铺在簸箕或垫席上晾晒,厚度以3 cm~4 cm为宜,每隔3 h~4 h用木棍轻轻翻动1次,晒到全部裂口后冷凉并尽快收椒,用细木棍轻轻敲打,使种子与果皮脱离,再用簸箕或筛子将椒皮与种子分开,筛出椒仁、枝叶后储藏。

7.2.2 烘干机烘干法

烘干机可以控温控湿,根据椒果自身的特性进行烘干。烘干机采用智能化电脑控制,达到烘干时间自动停机。

7.2.3 烘房烘干法

椒果采收后,先集中晾晒 12 h~24 h,然后装入烘筛送入烘房烘烤,装筛厚度 3 cm~4 cm。烘干机内温度达到 30 ℃时放入鲜椒,烘房初始温度保持在 50 ℃~60 ℃,经 2 h~2.5 h 后升温至 80 ℃,烘烤时间视采收时天气而定,一般再烘烤 8 h~10 h,开始烘烤时,每隔 1 h 排湿和翻筛 1 次,以后随着花椒含水量降低,排湿和翻筛的间隔时间可适当延长,红花椒烘干后降温,去除椒仁和枝叶等杂物储藏。

8 生产废弃物处理

8.1 地膜

地膜覆盖栽培红花椒,揭膜时将残膜清除干净,宜采用完全生物降解膜。

8.2 投入品包装废弃物

农药、肥料等投入品包装不应随意丢弃,应集中收集进行无害化处理。

9 储藏

9.1 库房要求

绿色食品红花椒应单收、单运、单储藏,并储存在清洁、干燥、通风良好、无鼠害、虫害的成品库房中,不应与有毒、有害、有异味和有腐蚀性的其他物质混合存放。库房储存应符合 NY/T 1056 的要求,包装应符合 NY/T 658 的要求。

9.2 防虫措施

经常、全面、彻底地做好清洁卫生工作。库房做到不漏不潮,既能通风,又能密闭。保持库房低温、干燥、清洁,抑制害虫生长与繁殖,排查洞、孔、缝隙等,让害虫无藏身栖息之地。

9.3 防鼠措施

应选具有防鼠性能的库房,地基、墙壁、墙面、门窗、房顶和管道等都做防鼠处理,所有缝隙不超过 1 cm。在库房门口设立挡鼠板,出入库房应随手关门。另设防鼠网、安置鼠夹、粘鼠板、捕鼠笼等,死角处经常检查,及时清理死鼠。

9.4 防潮措施

在春冬交替季节,气温回升,应采取有效的通风措施,降低红花椒水分,防止发霉。同时,应加强储藏红花椒的检查工作,如此时红花椒水分高则应适当摊开晾晒。

10 生产档案管理

建立绿色食品红花椒生产档案。应详细记录产地环境条件、生产技术、肥水管理、病虫草害的发生和防治措施、采收及采后处理等情况,并保存记录 3 年以上。

附　录　A

（资料性附录）

云贵川等地区绿色食品红花椒(南椒)主要病虫害防治方案

云贵川等地区绿色食品红花椒(南椒)主要病虫害防治方案见表 A.1。

表 A.1　云贵川等地区绿色食品红花椒(南椒)主要病虫害防治方案

防治对象	防治时期	农药名称	使用剂量	施药方法	安全间隔期,d
锈病	发生前或发生初期	40％丙环唑水乳剂	2 500 倍～5 000 倍液	喷雾	28
炭疽病	休眠期	石硫合剂(生石灰、硫黄和水熬制而成的,三者比例是 1∶2∶10)	500 倍液	喷雾或刷树干	—
干腐病	发病初期	波尔多液(硫酸铜、生石灰、水比例为 1∶1∶150)	500 倍液	喷施	—
蚜虫	害虫卵孵化盛期或低龄幼虫期	80 亿孢子/mL 金龟子绿僵菌 CQMa421 可分散油悬浮剂	500 倍～1 000 倍液	喷雾	—
蚜虫	蚜虫发生初盛期	8％氟啶虫酰胺可分散油悬浮剂	1 000 倍～2 000 倍液	喷雾	28
蚜虫	蚜虫发生初盛期	35％啶虫脒·氟啶虫酰胺水分散粒剂	5 000 倍～7 000 倍液	喷雾	28
介壳虫	蚜虫发生初盛期	35％啶虫脒·氟啶虫酰胺水分散粒剂	5 000 倍～7 000 倍液	喷雾	28
介壳虫	休眠期	石硫合剂(生石灰、硫黄和水熬制而成,三者比例是 1∶2∶10)	500 倍液	喷雾或刷树干	—
介壳虫	发病初期	33％螺虫·噻嗪酮悬浮剂	2 000 倍～3 000 倍液	喷雾	28
注:农药使用以最新版本 NY/T 393 的规定为准。					

绿 色 食 品 生 产 操 作 规 程

GFGC 2023A259

云 贵 川 等 地 区
绿色食品青花椒生产操作规程

2023-04-25 发布

2023-05-01 实施

中国绿色食品发展中心 发布

前　言

本规程由中国绿色食品发展中心提出并归口。

本规程起草单位：四川省绿色食品发展中心、四川省农业科学院农业质量标准与检测技术研究所、中国绿色食品发展中心、四川省林业科学研究院、自贡市乡村振兴发展服务中心、贵州省绿色食品发展中心、重庆市农产品质量安全中心、昭通市绿色食品发展中心。

本规程主要起草人：闫志农、曾海山、周熙、郑业龙、杨晓凤、张宪、王多玉、贾媛、杨志武、叶荣生、任晓慧、张海彬、刘萍。

云贵川等地区绿色食品青花椒生产操作规程

1 范围

本规程规定了云贵川等地区绿色食品青花椒的产地环境、品种(苗木)选择、栽植、田间管理、采收、生产废弃物处理、运输储藏及生产档案管理。

本规程适用于重庆、四川、贵州、云南地区的绿色食品青花椒的生产。

2 规范性引用文件

下列文件对于本文件的应用是必不可少的。凡是注日期的引用文件,仅注日期的版本适用于本文件。凡是不注日期的引用文件,其最新版本(包括所有的修改单)适用于本文件。

NY/T 391 绿色食品 产地环境质量

NY/T 393 绿色食品 农药使用准则

NY/T 394 绿色食品 肥料使用准则

NY/T 1056 绿色食品 储藏运输准则

3 产地环境

3.1 产地环境质量

应符合 NY/T 391 的要求。

3.2 气候条件

以光热充足,年平均气温 11 ℃～23 ℃,年降水量 500 mm～1 100 mm,无霜期≥200 d 的亚热带湿润季风气候为宜。

3.3 土壤条件

宜选择排灌方便、土质疏松、土层厚度≥80 cm、pH 5.5～8.5 的沙壤土或壤土。

3.4 地形地势

宜选择海拔高度 600 m～1 800 m,坡度≤30°的阳坡或半阳坡。

4 品种(苗木)选择

4.1 选择原则

根据种植区域和生长特点,选择耐寒、耐旱、抗病能力强,适合当地生长的优质品种。

4.2 品种选用

重庆推荐选用荣昌昌州无刺花椒等品种;四川推荐选用藤椒、九叶青花椒、顶坛花椒、金阳青花椒、汉源葡萄青椒、广安青花椒、蓬溪青花椒等品种;贵州推荐选用贞丰顶坛花椒、关岭板贵花椒、荔波青花椒、黔椒 4 号等品种;云南推荐选用永善金江花椒、永青 1 号、鲁青 1 号、鲁青 2 号、巧青 1 号等品种。

4.3 苗木繁育

可选择种子繁殖或嫁接繁殖方式进行苗木繁育。

4.3.1 种子繁殖

4.3.1.1 种子采集

选择地势向阳、生长健壮、高产量、结果多、无病虫害的盛产期树作为采种母树,每年 8 月下旬至 9 月中旬,当果实外果皮颜色浓绿,果皮缝合线凸起,种子黑色光亮,有 10％左右的果皮自然开裂时采果。在通风阴凉处阴干,定期翻动,整齐脱籽。

4.3.1.2 种子处理

清水选种,将种子放入桶或盆中,搅拌后静置,去除浮秕粒,用2.5％碳酸钠溶液浸种6 h,捞出后用清水冲洗干净,单层摊放在阴凉通风处自然阴干开裂,轻轻敲击使种子与果皮分离,收集种子,待播种。

4.3.1.3 育苗

春季育应选择向阳且排水良好的区域,土壤肥沃疏松,深翻、整平整细,做厢。及时为育苗的种子补足水分,保持厢面湿润,可配合塑料薄膜、秸秆覆盖保温、保墒等技术促进花椒整齐出苗。冬季宜选择拱棚育苗。

4.3.2 嫁接繁殖

选择品种优良、无病虫害、芽体饱满和直径在0.4 cm～0.6 cm的1年生枝条作接穗;选择生长健壮、无病害、地径在0.5 cm以上的实生苗作为砧木;立春前(2月上旬)采用枝接(切接、枝腹接)方式进行嫁接;嫁接30 d后检查成活率,成活2个月后松膜、除萌。

5 栽植

5.1 栽植时间

春季3月—4月、秋季9月—10月。

5.2 栽植密度

根据地势和土壤质地灵活确定株行距,土层薄采用2 m×3 m、2 m×3.5 m、3 m×4 m,土层厚采用3 m×3.5 m、3 m×4 m、4 m×4 m等。

5.3 栽植

5.3.1 打窝

椒苗栽植坑的规格宜为:长、宽、深分别为30 cm×30 cm×40 cm。

5.3.2 栽苗

起苗前5 d浇灌苗圃,地干后选择无病害、健壮幼苗,起苗时应保证根系完整,主根保留20 cm～30 cm。带土栽植。

栽植前先将栽植坑施好底肥,将钙镁磷肥0.1 kg、农家肥5 kg施在坑的底部,并盖30 cm土。栽椒苗时覆盖土壤,栽植深度以苗木根茎略高于地面为宜。

5.3.3 浇水

椒苗栽植后应浇好水使土壤充分湿润,如遇天气干燥,栽后2 d～3 d应再浇1次水。

6 田间管理

6.1 灌溉

春、夏季干旱时可进行灌水1次～2次,应采用喷灌、滴灌、渗灌等节水灌溉。

6.2 施肥

肥料应符合NY/T 394的要求。

6.2.1 幼树施肥

栽后第1年～2年培育树冠,第1年春夏季各施高氮复合肥50 g/株,秋冬季施生物有机肥250 g/株、平衡复合肥50 g/株;第2年在第1年基础上增加相应肥料20％的用肥量。

6.2.2 结果树施肥
6.2.2.1 采果肥

采果前10 d,施用催芽、促新梢和根系生长的高氮低钾复合肥,株产量3 kg以下的椒树施用150 g/株～250 g/株,株产量3 kg～10 kg的椒树施用250 g/株～400 g/株。

采果后,每株施平衡复合肥100 g～300 g、生物有机肥1 kg～3 kg,以传统采摘方式采收的青花椒于采果后15 d施用,以采代剪方式采收的青花椒采果后即可施用。

6.2.2.2 促花肥

1月下旬至2月中旬,施用促进花芽形态分化、花序抽生增长、新叶萌发和根系生长的高氮复合肥,株产量3 kg以下的椒树施用100 g/株～200 g/株,株产量3 kg～10 kg的椒树施用200 g/株～350 g/株。

6.2.2.3 壮果肥

4月中下旬,施用促进幼果膨大的高钾复合肥,株产量3 kg以下的椒树施用100 g/株～200 g/株,株产量3 kg～10 kg的椒树施用200 g/株～300 g/株。

6.3 整形修剪

6.3.1 常用树型及整形要点

宜采用自然开心形。其要点:干高30 cm～40 cm,在主干上均匀地分生3个主枝,基角40°～50°,每个主枝的两侧交错配备侧枝2个～3个,在各主枝和侧枝上配备大、中、小各类枝组,构成丰满均衡的树型。

6.3.2 修剪时期

宜在花椒休眠期修剪。以采代剪模式以夏季修剪为主,传统高海拔产区以冬季修剪为主。重庆、四川盆地等区域,可采用"以采代剪"技术,在6月下旬至7月中旬采摘青花椒的同时进行,改变传统的冬秋季修剪。

6.3.3 幼树期修剪

初栽的幼树不宜进行修剪。3年以上的幼树,可在40 cm～60 cm处将苗梢剪去,剪口下留旺盛的侧枝4个～5个,作为骨干枝。落叶后选留3个主枝,3个主枝要左右错开,分布均匀。主枝上下间隔15 cm～20 cm,与主干呈40°～50°角。

6.3.4 结果期的修剪

以维持健壮的树势和完整的树型为原则。宜用长果枝带头,使树冠保持在一定的范围内,适当疏间外围枝。骨干枝的枝头开始下垂时,应及时回缩,用斜上生长的强枝枝组复壮枝头。并及时剪除交叉枝、摩擦枝、枯死枝、病虫枝。

6.4 病虫害防治

6.4.1 常见病虫草害

主要病害有根腐病、流胶病(干腐病)、膏药病、锈病、白粉病、黄叶病、炭疽病和煤污病等。

主要虫害有介壳虫、天牛、蚜虫、红蜘蛛、凤蝶、食心虫、蚂蚁、花椒瘿蚊、花椒窄吉丁虫等。

主要草害有马唐、香附子、狗尾草等。

6.4.2 防治原则

坚持"预防为主、科学防控"的原则,采用农业、物理、生物与化学防治相结合的绿色综合防治技术进行防治。

6.4.3 防治措施

6.4.3.1 农业防治

a) 种植模式。采用轮作、间作其他作物的方式,抑制病虫害。

b) 合理修剪。科学整形,冬季应进行清园处理,"摘心"修剪可有效降低蚜虫虫害,剪除炭疽病、斑点落叶病的枝条,清除枯枝落叶,剪除的枝条及落叶应从园内清除,有效减少病原和虫卵。

c) 及时清理排水沟、防止田间积水降低田间湿度,可以有效降低根腐病的发生。

d) 平衡施肥。加强肥水管理,铲除杂草,合理修剪,增强青花椒对病虫害的抵抗力。

e) 适时冬耕冬刨,疏松熟化土壤。

6.4.3.2 物理防治

应用太阳能杀虫灯诱杀毒蛾、小卷叶蛾、叶蝉等害虫;应用黄板诱杀叶蝉、粉虱、蚜虫等害虫;应用糖醋液引诱昆虫;应用蓝板诱杀蓟马;也可采取树干涂石灰水的方法防治害虫。

6.4.3.3 生物防治

椒园常见的天敌昆虫有瓢虫、草蛉、螳螂、寄生蜂等,应注意保护和利用天敌。采用"以虫治虫,以螨治螨"的策略,当害虫达到防治指标时人工释放肿腿蜂可控制花椒天牛。推广使用生物农药防治病虫害,如苏云金杆菌、白僵菌等。

6.4.3.4 化学防治

严格按照 NY/T 393 的规定使用化学农药;禁止使用禁限用农药,选用已登记农药,严格控制农药浓度及安全间隔期,注意交替用药,合理混用。防治方案参见附录 A。

7 采收

可采用传统采摘方式或以采代剪方式进行青花椒采收。

7.1 采收时间

7.1.1 传统采摘方式

7月—9月,当青花椒果皮油润感强,油胞半透明,阳光下可见油时,即可进行采收。

7.1.2 以采代剪方式

6月上旬至7月上旬,将青花椒采摘与树体整形修剪相结合进行采收。

7.2 采收方法

以传统采摘方式采收的青花椒,应按成熟度分批、分类、分级进行采收;以采代剪方式采收的青花椒,应与树体整形修剪相结合进行采收。选择晴天、早晨露水干后剪枝,轻放于铺好的干净晒布,一只手握结果枝条,不能直接触摸果实,另一只手用剪刀剪果穗。

7.3 采后处理

若采用鲜椒食用时,宜在采摘后 2 h 内真空冷藏保存;鲜青花椒可采用烘烤设备进行烘烤制成干青花椒,保持 30 ℃~40 ℃烘烤温度,不宜高于 45 ℃,烘烤过程中不宜翻动青花椒,24 h 内应使其水分含量降低 15%~25%,再保持温度 8 h~9 h,干燥至含水量≤10%,形成干花椒。

8 生产废弃物处理

8.1 资源化处理

清园时清理的枯枝、落叶、杂草等可进行沤肥、深埋。每年整形修剪下来的以及采摘的枝梢数量较多,可制造生物质颗粒燃料产品,生产种植香菇等食用菌材料,也可将树枝粉碎,混入畜禽粪便发酵制成肥料。

8.2 无害化处理

农业投入品的包装废弃物应回收交由有资质的部门或网点集中处理,不得随意弃置、掩埋或者焚烧。

9 运输储藏

9.1 运输

应符合 NY/T 1056 的要求。运输工具要清洁、干燥、有防雨设施,严禁与有毒、有害、有腐蚀性、有异味的物品混运。

9.2 储藏

应在避光、低温、清洁、干燥、通风、无虫害和鼠害的仓库储存。严禁与有毒、有害、有腐蚀性、易发霉、有异味的物品混存。

10 生产档案管理

应建立详细的绿色食品青花椒生产档案,明确产地环境条件、生产技术、肥水管理、病虫草害发生和防治、采收和采后处理等各环节的记录,记录保存不少于 3 年。

附　录　A

（资料性附录）

云贵川等地区绿色食品青花椒生产主要病虫害防治方案

云贵川等地区绿色食品青花椒生产主要病虫害防治方案见表 A.1。

表 A.1　云贵川等地区绿色食品青花椒生产主要病虫害防治方案

防治对象	防治时期	农药名称	使用剂量	施药方法	安全间隔期,d
锈病	发生前或发生初期	40％丙环唑水乳剂	2 500 倍～5 000 倍液,每季最多使用 2 次	喷雾	28
蚜虫	虫卵孵化盛期或低龄幼虫期	80 亿孢子/mL 金龟子绿僵菌 CQMa421 可分散油悬浮剂	500 倍～1 000 倍液	喷雾	—
蚜虫	发生初期	8％氟啶虫酰胺可分散油悬浮剂	1 000 倍～2 000 倍液,每季最多使用 1 次	喷雾	28
蚜虫	若虫始盛期	46％氟啶·啶虫脒水分散粒剂	8 000 倍～12 000 倍液,每季最多使用 2 次	喷雾	14
介壳虫	发生期	33％螺虫·噻嗪酮悬浮剂	2 000 倍～3 000 倍液,每季最多使用 1 次	喷雾	28

注:农药使用以最新版本 NY/T 393 的规定为准。

绿 色 食 品 生 产 操 作 规 程

GFGC 2023A260

绿色食品香蕉生产操作规程

2023-04-25 发布

2023-05-01 实施

中国绿色食品发展中心 发布

前　言

本文件由中国绿色食品发展中心提出并归口。

本文件起草单位：广西壮族自治区绿色食品发展站、广西壮族自治区农业科学院生物技术研究所、广西绿色食品协会、漳州市绿色食品发展中心、福建省绿色食品发展中心、广东省绿色食品发展中心、海南省绿色食品发展中心、贵州省绿色食品发展中心、云南省绿色食品发展中心、中国绿色食品发展中心。

本文件主要起草人：李仕强、邹瑜、赵明、龙芳、刘淑梅、何革、林蔚、汤宇青、李晓慧、胡冠华、代振江、王祥尊、何海旺、张巧、武鹏、宋晓。

绿色食品香蕉生产操作规程

1 范围

本规程规定了绿色食品香蕉生产的产地环境、品种选择、种植、肥水管理、病虫害防治、田间管理、采收、保鲜与包装、储藏与运输、生产废弃物处理、档案管理。

本规程适用于福建、广东、广西、海南、贵州、云南地区的绿色食品香蕉生产。

2 规范性引用文件

下列文件对于本文件的应用是必不可少的。凡是注日期的引用文件,仅注日期的版本适用于本文件。凡是不注日期的引用文件,其最新版本(包括所有的修改单)适用于本文件。

NY/T 357 香蕉 组培苗

NY/T 391 绿色食品 产地环境质量

NY/T 393 绿色食品 农药使用准则

NY/T 394 绿色食品 肥料使用准则

NY/T 658 绿色食品 包装通用准则

NY/T 750 绿色食品 热带、亚热带水果

NY/T 1056 绿色食品 储藏运输准则

3 术语和定义

本文件没有需要界定的术语和定义。

4 产地选择

4.1 产地环境

应符合 NY/T 391 的要求。

4.2 园地条件

土质疏松,土层厚 60 cm 以上,有机质含量 2% 以上,pH 在 5.5～7.0,地下水位低于 70 cm,排灌良好。绝对低温≥1 ℃,最冷月平均气温 12 ℃以上,＞10 ℃年积温≥6 500 ℃。

4.3 园地规划

选择坡度≤6°的平地或水田地块起畦;或 6°～30°的山地丘陵,栽培时修筑水平梯田。园地内设置种植小区,修建道路。

5 品种选择

5.1 选择原则

根据不同产区的条件,优先选择适合本产区生长的适应性、抗逆性强的品种。

5.2 选择品种

推荐品种:宝岛蕉、桂蕉 6 号、桂蕉 1 号、巴西蕉、南天黄、桂蕉 9 号、金粉 1 号、广粉 1 号、粉杂 1 号、皇帝蕉、红香蕉、大蕉等。

6 种植

6.1 种苗

选用香蕉优良品种组培苗或健康的吸芽苗,组培苗苗木质量按 NY/T 357 规定执行,吸芽苗选择无

病虫害蕉园中高度大于 40 cm 的健壮蕉芽。

6.2 种植季节

根据不同产区的气候特点及生产需要,选择 3 月—4 月春植、5 月—7 月夏植或 9 月—11 月秋植。

6.3 整地

6.3.1 深耕

定植前 15 d~30 d,深松土壤 40 cm~60 cm。

6.3.2 种植密度与株行距规格

平地或水田:起畦开沟,香蕉双行种植在畦上。畦宽 4.5 m~5.5 m,排水沟深 40 cm~80 cm、宽 40 cm~50 cm。

坡地:沿等高线开设种植沟,香蕉种植在沟内,沟宽 40 cm~80 cm、深 20 cm~40 cm,每隔 30 m~50 m 纵向开设排水沟。

植密度为 120 株~140 株/亩,株距 1.6 m~2.2 m,行距 2.5 m~3.0 m。

6.3.3 铺设滴(喷)灌带

沿定植行方向,距离植株约 10 cm 铺设 1 条~2 条滴(喷)灌带。可在灌溉系统上添加施肥装置实现水肥一体化。

6.4 定植

种定植时脱去组培苗营养(袋)杯,保持营养基质不松散(无纺布营养袋苗则不需剥除营养袋),放置在定植穴(或种植沟)中央,扶正,营养土上缘与畦面持平,回土压实,淋足定根水。

7 肥水管理

7.1 施肥管理

肥料使用应符合 NY/T 394 的要求。

7.1.1 营养生长期

7.1.1.1 基肥

种植前 1 d~3 d,每株埋施商品有机肥 3 kg~5 kg、复合肥(15 - 15 - 15)50 g~100 g、磷肥 250 g。

7.1.1.2 营养生长前期

假茎高 1.0 m 内,每株用经沤制的花生麸 100 g~150 g 兑水 10 倍,沿香蕉叶缘滴水线环状淋施或利用水肥一体化设施施用,每 10 d~15 d 施 1 次。同时配施或间隔轮施尿素或复合肥(15 - 15 - 15),每株每次 10 g~20 g。

7.1.1.3 营养生长中期

假茎高 1.0 m~1.5 m 期间,施用复合肥(15 - 15 - 15)100 g~150 g,可分多次埋施或利用水肥一体化施用。

7.1.2 花芽分化期和营养生长后期

7.1.2.1 花芽分化期

假茎高约 1.5 m 时,每株埋施商品有机肥 3 kg~5 kg、复合肥(15 - 15 - 15)50 g~100 g、钾肥 150 g~200 g。假茎 1.5 m 高至抽蕾期间,每株施用高钾复合肥 100 g~150 g。分多次埋施或利用水肥一体化施用。

7.1.2.2 营养生长后期

抽蕾前,每株埋施商品有机肥 3 kg~5 kg、复合肥(15 - 15 - 15)100 g~150 g、钾肥 100 g~150 g。

7.1.3 果实生长期

抽蕾至果实成熟前 20 d,每株施用高钾复合肥 100 g~150 g、钾肥 100 g~150 g。分多次埋施或利用水肥一体化施用。

7.2 水分管理

7.2.1 灌溉

高温花芽分化期保持土壤含水量为 70%~80%;其余生长期土壤含水量应保持为 60%~70%。采收前 7 d～10 d 停止灌水。

7.2.2 排水

及时清淤,保持园内排水沟渠通畅,确保汛期及时排除园内积水。

8 病虫害防治

8.1 主要病虫害种类

主要病害有枯萎病、束顶病、叶斑病、细菌性软腐病等,主要虫害有蚜虫、象甲、红蜘蛛、花蓟马等。

8.2 防治原则

坚持"预防为主,综合防治"的原则,相关农药的使用符合 NY/T 393 的要求。

8.3 防治措施

8.3.1 农业防治

控制杂草生长;生长季节及时割除衰老叶、病叶,及时除吸芽;风雨过后及时清理倒株、断叶;果实采收后按时清园;人工捕杀象甲等害虫,及时剪掉卷叶虫苞,集中深埋。与水稻、玉米等作物轮作。

8.3.2 生物防治

改善蕉园生态环境,保护和利用瓢虫、寄生蜂、捕食螨等天敌防治害虫。用赤眼蜂防治卷叶虫。使用性诱剂防治斜纹夜蛾等,每亩可放置 3 个～5 个性诱剂诱捕器。

8.3.3 物理防治

利用杀虫灯、粘虫板等诱杀害虫。杀虫灯每 20 000 m² ～33 333 m² 放置 1 个,放置于蕉园路边,诱杀斜纹夜蛾等。在害虫发生初期悬挂黄色粘虫板板防治潜叶蝇、蚜虫及多种双翅目害虫,悬挂蓝色粘虫板防治蓟马、叶蝉等,每亩放置黄板(蓝板)25 片～30 片。果实套袋防止病虫直接危害果实。

8.3.4 农药防治

优先选用生物农药,化学合成农药应选用低毒、低残留和对环境友好的农药。选用的药剂和使用应符合 NY/T 393 的要求,防治方案参见附录 A。

9 田间管理

9.1 割叶及留芽

叶片黄化或干枯占该叶片面积 2/3 以上,或叶面病害严重时,及时将其从叶柄基部割除。选留母株出蕾方向背面或侧面的健壮吸芽,其他吸芽及时平地面割除并捣碎生长点。

9.2 果实管理

9.2.1 抹花

果指展平期,从上往下逐梳抹去每个果指末端的柱头及花瓣,并立即在伤口处用卫生纸包住。

9.2.2 疏果及断蕾

及时疏掉畸形果;不满 16 个蕉果的果梳整梳割除,超过 28 个蕉果的果梳,疏掉边果。每果穗留 7 梳～9 梳,在末梳下第 2 或第 3 梳位上留 1 个果指,其余果指全部割除并及时断蕾。

9.2.3 垫把及套袋

套袋前在两梳之间垫珍珠绵等柔软材料。果指上翻后进行套袋。香牙蕉类品种先套无纺布塑形袋,再套珍珠棉袋,最外层套蓝色薄膜袋,用于保温和护果,套袋上端捆紧在穗柄上,下端敞开。粉蕉类品种只套 1 层牛皮纸或白纸袋。

9.3 防倒伏

9.3.1 绑绳

在香蕉穗柄弯曲处绑 1 条～2 条绳(带),沿香蕉假茎倾斜的反方向牵引,并拉紧固定在相邻假茎的中下部。绑 2 条绳时应固定在不同相邻植株上。

9.3.2 立柱

材料规格：长度大于 4.5 m，直径 6 cm～10 cm 的竹竿（木杆）。

在倾斜的方向靠近植株假茎垂直立柱，柱头深埋 40 cm～60 cm，距地面 1/3 及 2/3 的假茎高度处与立柱捆绑在一起。粉杂品种在立柱与假茎捆绑的同时要把穗柄吊捆在立柱上，防止掉穗。

9.4 防寒

9.4.1 秋后施肥

秋后增施有机肥、钾肥。

9.4.2 铺设天地膜防寒

秋植蕉的植株高度在 50 cm 以下过冬时，先在地面铺设地膜，再用竹木条沿植株定植方向搭建拱棚，覆盖天膜保护过冬。宿根蕉吸芽过冬可在地面覆盖地膜。

10 采收、保鲜及包装

10.1 采收

10.1.1 采收时期

香牙蕉类品种饱满度达 7 成及以上可以采收，粉蕉类品种饱满度达 8 成及以上可以采收。可根据果实成熟度、用途和市场需求等因素确定采收适期。成熟期不一致时，应分期采收。

10.1.2 采收方法

采收过程中防止挤压、碰撞、刺伤，可用人工挑蕉或索道无伤运输，转运、落梳过程中蕉果不能直接置于地面或硬物上。

10.1.3 保鲜及包装

蕉果落梳后及时清洗，按照附录 A 规定药剂防腐处理，沥干水后包装。建立统一的生产批号编码原则，并能保证生产批号的唯一性，以实现产品生产全部过程的追溯。产品质量应符合 NY/T 750 的要求。包装应符合 NY/T 658 和《中国绿色食品商标标志设计使用规范手册》的要求。

11 储藏与运输

储藏与运输应符合 NY/T 1056 的要求。运输工具清洁、干燥、无污染、无异物。装运轻卸轻放，不允许混装。长途运输需要采用冷链系统，运输温度以 13 ℃±0.5 ℃为佳。

12 生产废弃物处理

对投入品包装物、茎秆等农业废弃物，采取循环利用的环保措施和方法集中处理，禁止焚烧。

13 档案管理

建立并保存相关记录，为生产活动可追溯提供有效的证据。如实记录使用农业投入品的名称、来源、用法、用量和使用的日期，病虫草害的发生和防治情况，采收日期，保鲜处理情况等。生产档案有专人保管，保存不少于 3 年。

附　录　A

（资料性附录）

绿色食品香蕉生产主要病虫害防治方案

绿色食品香蕉生产主要病虫害防治方案见表 A.1。

表 A.1　绿色食品香蕉生产主要病虫害防治方案

防治对象	防治时期	农药名称	使用剂量	施药方法	安全间隔期,d	每季最多使用次数,次
枯萎病	移栽定植时或定植后苗期	10 亿芽孢/g 枯草芽孢杆菌可湿性粉剂	50 倍～60 倍液	灌根	—	—
叶斑病	在发病期或从现蕾期前 1 个月起喷药,尤其是高温多雨季节加强喷药防治	25％丙环唑乳油	500 倍～1 000 倍液	喷雾	42	2
		40％代森锰锌悬浮剂	250 倍～350 倍液		35	3
		50％嘧菌酯悬浮剂	2 000 倍～2 500 倍液		42	3
		25％吡唑醚菌酯悬浮剂	1 000 倍～2 000 倍液		42	3
		37％苯醚甲环唑水分散粒剂	3 000 倍～4 000 倍液		40	3
黑星病	香蕉抽蕾至套袋前	30％戊唑·嘧菌酯悬浮液	2 000 倍～2 500 倍液	喷雾	42	3
		14％氟环·嘧菌酯乳油	700 倍～930 倍液		21	3
		30％吡唑醚菌酯悬浮剂	1 200 倍～2 400 倍液		42	3
炭疽病、轴腐病	果实包装运输前	20％吡唑醚菌酯悬乳油	800 倍～1 200 倍液	浸果1 min	7	1
		75％抑霉唑硫酸盐可溶粒剂	1 000 倍～1 500 倍液		14	1
蓟马	从香蕉现蕾时至果指完全露出期	22％螺虫·噻虫啉悬浮剂	3 000 倍～4 000 倍液	喷雾	28	2
红蜘蛛	整个生长期红蜘蛛始发期或发生高峰期之前	97％矿物油	150 倍～200 倍液	喷雾	—	1
注:农药使用以最新版本 NY/T 393 的规定为准。						

绿 色 食 品 生 产 操 作 规 程

GFGC 2023A261

绿色食品枇杷生产操作规程

2023-04-25 发布

2023-05-01 实施

中国绿色食品发展中心 发布

前　言

本规程由中国绿色食品发展中心提出并归口。

本规程起草单位：四川省绿色食品发展中心、四川省农业科学院农业质量标准与检测技术研究所、中国绿色食品发展中心、四川农业大学、云南省绿色食品发展中心、福建省绿色食品发展中心、合肥市包河区农业综合服务中心、苏州市吴中区东山农林服务中心、浙江省农业技术推广中心、浙江省农产品绿色发展中心、陕西省农产品质量安全中心、湖北省绿色食品管理办公室、贵州省绿色食品发展中心、广东省绿色食品发展中心、广西壮族自治区绿色食品发展站。

本规程主要起草人：彭春莲、邓群仙、王永清、闫志农、周熙、曾海山、孟芳、敬勤勤、刘均、杨晓凤、马雪、钱琳刚、杨芳、朱海燕、郑俊华、孙钧、张小琴、王璋、杨远通、梁潇、王陟、杨艳芹、陆燕、黄燕英、贾媛、李炫颖、汪湖、刘贤文。

绿色食品枇杷生产操作规程

1 范围

本规程规定了全国绿色食品枇杷的产地环境,品种选择,整地,栽植,田间管理,采收,生产废弃物处理,运输储藏,生产档案管理。

本规程适用于全国绿色食品枇杷的生产。

2 规范性引用文件

下列文件对于本文件的应用是必不可少的。凡是注日期的引用文件,仅注日期的版本适用于本文件。凡是不注日期的引用文件,其最新版本(包括所有的修改单)适用于本文件。

NY/T 391　绿色食品　产地环境质量

NY/T 393　绿色食品　农药使用准则

NY/T 394　绿色食品　肥料使用准则

NY/T 750　绿色食品　热带、亚热带水果

NY/T 1056　绿色食品　储藏运输准则

3 产地环境

3.1 环境条件

产地环境质量符合 NY/T 391 的要求,选择生态环境良好、空气无污染、土壤未受污染、地表水和地下水水质清洁、远离公路铁路干线、交通方便的地区建园。

3.2 气候条件

适宜枇杷生产的产地须年均温 15 ℃以上,1 月均温 5 ℃以上,极端最低温不低于—3 ℃。

3.3 土壤条件

园地土壤以土层深厚、土质疏松、排灌方便、有机质含量丰富的沙质壤土为佳,地下水位宜在 1 m 以下,有机质含量>1%,盐分含量≤0.1%,土壤微酸性至微碱性(pH 5.5~7.5)。

3.4 地形地势

山地果园宜选择 20°以下的坡地,坡向宜选择南坡、东南坡和西南坡,不可在冷空气沉积区域建园。

4 品种选择

4.1 选择原则

适宜当地气候、土壤等环境条件及市场需求,选择抗逆性强、丰产性好、商品价值高的优良品种,同一园区宜栽培 2 个~3 个品种,约 2/3 为主栽品种,1/3 为授粉品种,授粉品种应均匀分散种植。

4.2 品种选用

各地应因地制宜选用适宜品种,如大五星、早钟 6 号、解放钟、红灯笼、软条白沙、宁海白、冠玉、贵妃、黔星及各地近年选育的红(黄)肉和白肉优新品种,如白雪早、三月白、早白香等。

5 整地、栽植

5.1 整地

按株行距挖宽深各 0.8 m~1 m 定植穴或同样宽深的定植沟。挖出的表土和底土分开堆放,穴内施腐熟的有机肥 50 kg,磷肥 1 kg~2 kg(酸性土选用钙镁磷肥,碱性土选用过磷酸钙),将表土与腐熟有机

肥混合后回填到定植穴的底层,磷肥和底土混合后填入中、上层,回填后筑墩,高出地面 20 cm～30 cm。酸性较强的土壤宜加石灰等加以改良,碱性较强的土壤可施适量硫黄粉加以改良。肥料使用应符合 NY/T 394 的要求。

5.2 栽植时间

春植宜选择春梢萌动前至清明节前后(2 月下旬至 4 月),雨水较多时进行定植;在冬季无严寒的地方,以秋植为宜,9 月—11 月均可栽植。

5.3 栽植密度

根据品种特点、土壤及栽培管理水平等因素确定适宜栽植密度,株距 3.5 m～4.5 m,行距 4.5 m～5.5 m,每亩栽植 30 株～40 株。

5.4 栽植方法

苗木放于定植穴的中央,舒展根系,扶正苗木,填土压实,填土高度以根颈高于地面 20 cm 为宜,踏实,苗木栽好后应立即浇足定根水。

6 田间管理

6.1 水分管理

6.1.1 灌溉

枇杷幼果发育期气温低,果实生长缓慢,需水量小,应控制灌溉次数及灌溉量。果实膨大期可结合施肥,采取沟灌、穴灌、滴灌、渗灌和喷灌适时灌水,可促进果实膨大,提高产量。果实成熟期适当控制灌溉次数及灌溉量,避免水分过多引起裂果和降低果实风味;高温干旱时及时浇水抗旱或在树盘下覆草。7 月—8 月适当干旱,有利于成花。

6.1.2 排水

多雨季节或果园积水时应及时开沟排水。

6.2 施肥管理

6.2.1 施肥原则

施肥应遵循土壤健康、化肥减控,合理增施有机肥、补充中微量养分、安全优质、生态绿色的原则,肥料选择和使用应符合 NY/T 394 的要求。

6.2.2 施肥时期及施肥量

6.2.2.1 幼龄树施肥

幼龄树果园施肥应薄肥勤施,除 7 月、8 月、12 月和 1 月外均可施肥,全年施 4 次～6 次,复合肥和腐熟有机肥配合施用,全年每株施复合肥(氮∶磷∶钾=15∶15∶15)0.2 kg～0.3 kg;10 月至翌年 2 月施冬肥 1 次,每株施充分腐熟有机肥 10 kg～20 kg。

6.2.2.2 结果树施肥

6.2.2.2.1 壮果肥

疏果后宜及时施用壮果肥,可用速效肥料(氮∶磷∶钾=3∶3∶4)配合有机肥。每株施腐熟的稀人粪尿或沼液 20 kg～30 kg、磷酸一铵 0.3 kg～0.5 kg、硫酸钾 0.3 kg～0.5 kg。果实膨大期至着色初期,可叶面喷施 0.2%～0.3%的磷酸二氢钾或 800 倍～1 000 倍氨基酸或腐殖酸水溶肥 2 次～3 次,以促进果实膨大、着色和糖分积累。

6.2.2.2.2 采果肥

采果后夏梢抽发前,宜施入采果肥,晚熟品种可提前在采果前施入,以速效肥(氮∶磷∶钾=3∶2∶2)为主,每株施水溶复合肥 0.2 kg～0.3 kg。

6.2.2.2.3 花前肥

现蕾前夕宜施用花前肥(基肥),以有机肥为主,混合少量化学肥料。每株施用腐熟有机肥 20 kg～30 kg、平衡复合肥(氮∶磷∶钾=15∶15∶15)0.6 kg～1 kg、硼砂 0.1 kg～0.2 kg。初花期叶面喷施

0.1％～0.2％硼砂和 0.2％～0.3％的磷酸二氢钾 1 次～2 次,可提高坐果率。

6.3 整形修剪

6.3.1 整形

定植后根据品种等具体情况选定适宜树型,如双层杯状形和单层杯状形。双层杯状形有一定的防日灼和冻害效果,在日灼和冻害发生频率较高的情况下可选用。在日灼和冻害不常发生的情况下则可选用单层杯状形,其优点是树体管理比前者方便得多。

双层杯状形定干高度 50 cm～60 cm,主枝呈二层分布,第 1 层主枝数 3 枝～4 枝,第 2 层主枝数约 3 枝,第 1 层到第 2 层的层间距 0.8 m～1.0 m,两层主枝交错分布,在主枝上合理配置侧枝、枝组,形成下大上小的两层树冠。

单层杯状形定干高度 50 cm～60 cm,选留 3 个～4 个主枝,每个主枝选留 2 个～3 个侧枝,均匀分布。

6.3.2 修剪

6.3.2.1 幼龄树

新植 1 年～3 年幼龄树不宜修剪或轻剪,应让其多发枝梢,过密枝可在第 2 年～3 年适当疏除,春剪配合选定树型,抹去多余芽;夏剪时,除让主枝保留预定角度生长外,其余枝梢在 7 月—8 月停止生长时对其拉枝、扭梢。

6.3.2.2 结果树

2 月—3 月结合疏果进行春季修剪,疏除树冠内的密生枝、衰弱枝、重叠枝、交叉枝和徒长枝。

夏季修剪,采果后及时修剪促进夏梢早萌发、早停长。采果时保留结果枝基部 3 片～5 片叶对其短剪,衰弱结果枝从基部进行疏剪;疏除树冠内密生枝、纤弱枝,对部分多年生弯曲、细弱枝进行回缩。秋季结合疏花,抹去花穗上抽生的营养枝。

6.3.2.3 衰老树

对于树体衰弱、老化的枇杷树,可采用回缩进行逐年更新:剪去树冠中上部 2 个～3 个直立枝组,使光线能照射到树冠内堂;疏剪或回缩树冠外围的密生枝、衰弱枝。易成花品种如大五星、早钟 6 号适宜在采果后进行回缩更新修剪。

6.4 花果管理

6.4.1 疏花穗

10 月—11 月,能看清全树的花穗,花穗的支轴尚未分离前即可进行疏穗,疏去过早和过晚的花穗、弱花穗、分布过密花穗和多余花穗,疏穗量依树势强弱、花穗量多少而定,参考标准为疏穗后结果枝比例为 70％左右,保留的花穗宜在树冠均匀分布。

6.4.2 疏花蕾

疏花穗和疏花蕾可同时进行。大果型品种每穗留 3 个～4 个支轴,中、小型品种每穗留 4 个～6 个支轴,疏去花穗基部和顶部的若干支轴,保留中部的支轴;疏掉每个支轴末端的花蕾。

6.4.3 疏果

无冻害时能分辨出果实发育优劣时进行疏果,越早越好;有冻害时,断霜后进行。疏除生长发育不良果、受冻果、畸形果、病虫害果。依据品种的果实大小、树势或结果母枝叶片数量质量确定留果量:结果母枝强壮、叶片多质量高的多留,反之少留,大果品种、树势较弱或结果母枝弱叶片较少质量较差的留 3 个左右,小果品种或树势较强或结果母枝健壮叶片多质量高的留 4 个～5 个。

6.4.4 套袋

最后一次疏果后进行一次主要针对果实的病虫害防治,然后进行套袋,最好使用专用果袋。

6.4.5 花果防冻

采用塑料大棚、树冠包膜、花(果)穗套袋、喷叶面肥等方法预防冬季低温霜冻对枇杷花果的影响。

6.5 病虫草害防治

6.5.1 防治原则

坚持"预防为主,综合防治"的原则,优先采用农业措施,提倡采用物理和生物措施,科学合理使用低

GFGC 2023A261

风险农药,药剂选择和使用应符合 NY/T 393 的要求。

6.5.2 常见病虫草害

主要病害:叶斑病、炭疽病、枝干腐烂病、花腐病等。

主要虫害:食心虫、蚜虫、木虱、黄毛虫、介壳虫、天牛类、蓟马、螨类等。

主要草害:旱熟禾、菵草、牛筋草、稗草、狗尾草、刺苋等。

6.5.3 防治措施

6.5.3.1 农业防治

禁止从疫区引入种苗、接穗。选用本地主要病虫害抗性较强的优良品种,培育壮苗,加强田间管理,科学施肥,冬季清园,清理杂草,合理修剪,剪除病虫枝。提倡生草栽培,改善果园生态环境。

6.5.3.2 物理防治

果园安装频振杀虫灯、黑光灯、色板、物理诱粘剂、糖醋液等诱杀;对发生较轻,危害中心明显及有假死性害虫,采用人工捕杀。

6.5.3.3 生物防治

保护利用天敌,采用以菌治虫、以虫治虫、植物驱虫,使用植物源农药、生物农药等防治病虫。

6.5.3.4 化学防治

严格按照 NY/T 393 的规定执行。加强病虫草害的预测预报,适时用药;注重药剂的轮换使用和合理混用;严格按照农药安全使用间隔期、规范农药使用浓度。对化学农药的使用情况进行严格、准确的记录,防治方案参见附录 A。

7 采收

在果实呈现出该品种的固有色泽时采收,分期分批采收。采收时间宜在上午或阴天;如果实套袋,采收时应把果实和果袋一起采下,用手轻拿果穗梗或果梗,小心剪下,采摘后果穗或果实放入垫有细软衬垫材料的竹筐或塑料筐内,轻摘轻放,避免擦伤果面绒毛;采后果实及时搬运到阴凉通风处,避免日晒雨淋。果品质量符合 NY/T 750 的要求。

8 生产废弃物处理

生产过程中使用的农药、肥料等投入品以及果实套袋用的果袋等应集中收集处理,病叶、残枝败叶和杂草清理干净,集中粉碎,进行无害化处理,堆沤有机肥料循环使用,保持田间清洁。

9 运输储藏

9.1 运输

运输工具应清洁、卫生、无污染、无杂物,具有防晒、防雨、通风和控温措施,可采用保温车、冷藏车等。装载时包装箱应顺序摆放,防止挤压,运输中应稳固装载,留通风空隙。运输环节应符合 NY/T 1056 的要求。

9.2 储藏

采用低温储藏,经预冷后的果实移入冷库,储藏期间库内温度范围 6 ℃～8 ℃,储藏相对湿度 90%～95% 为宜,温度、湿度应保持相对稳定。

10 生产档案管理

应详细记录产地环境条件、生产技术、病虫草害的发生和防治措施、采收及采后处理等生产档案,并保存生产档案 3 年以上。

附　录　A

（资料性附录）

绿色食品枇杷生产主要病虫害防治方案

绿色食品枇杷生产主要病虫害防治方案见表 A.1。

表 A.1　绿色食品枇杷生产主要病虫害防治方案

防治对象	防治时期	农药名称	使用剂量	施药方法	安全间隔期,d
炭疽病	发生初期	25％嘧菌酯悬浮剂	800 倍～1 000 倍液	喷雾	21
叶斑病	发生初期	255 g/L 异菌脲悬浮剂	425 倍～625 倍液	喷雾	14
食心虫	发生初期	40％辛硫磷乳油	1 000 倍～2 000 倍液	喷雾	7
黄毛虫	低龄幼虫盛发期	8 000 IU/mg 苏云金杆菌可湿性粉剂	400 倍～500 倍液	喷雾	—
介壳虫	发生初期	95％矿物油乳油	50 倍～60 倍液	喷雾	—
注:农药使用以最新版本 NY/T 393 的规定为准。					

绿 色 食 品 生 产 操 作 规 程

GFGC 2023A262

江 浙 沪 等 地 区
绿色食品茭白生产操作规程

2023-04-25 发布

2023-05-01 实施

中国绿色食品发展中心 发布

前　言

本规程由中国绿色食品发展中心提出并归口。

本规程起草单位:湖北省农业科学院农业质量标准与检测技术研究所、中国绿色食品发展中心、湖北省绿色食品管理办公室、浙江省金华市农业科学研究院、浙江省农业科学院农产品质量安全与营养研究所、武汉市农业科学院、湖北省植物保护总站、湖北省荆州市农业技术推广中心、湖北省松滋市农业农村科技服务中心、湖北省团风县农业农村局、浙江省农产品绿色发展中心、江苏省绿色食品办公室、江西省农业技术推广中心、四川省绿色食品发展中心、安徽省南陵县农业农村局、湖南省怀化市农业农村局、湖北省阳新县生态能源服务中心。

本规程主要起草人:彭西甜、郑丹、夏珍珍、彭茂民、刘丽、胡西洲、张仙、赵明明、刘艳辉、陈鑫、华登科、陶明芳、张尚法、宋瑞琪、钟兰、徐明飞、王祥云、张隽娴、彭立军、周有祥、夏虹、廖先清、张惠贤、姚晶晶、崔文文、王爱华、严伟、邓士雄、陈飞、王晓燕、周先竹、胡军安、廖显珍、陈永芳、刘颖、沈熙、王皓瑀、赵丹、罗时勇、柯卫东、张海彬、谢原利、许艳云、张小琴、熊晓晖、黄宜荣、程诚、周熙、李柯嫱、陈新宝。

江浙沪等地区绿色食品茭白生产操作规程

1 范围

本规程规定了江浙沪等地区绿色食品茭白的产地环境、品种选择、种苗繁育、整地、定植、田间管理、采收、包装、储藏与运输、生产废弃物处理及生产档案管理。

本规程适用于上海、江苏、浙江、安徽、江西、湖北、湖南的绿色食品茭白的生产。

2 规范性引用文件

下列文件对于本文件的应用是必不可少的。凡是注日期的引用文件，仅注日期的版本适用于本文件。凡是不注日期的引用文件，其最新版本（包括所有的修改单）适用于本文件。

NY/T 391　绿色食品　产地环境质量

NY/T 393　绿色食品　农药使用准则

NY/T 394　绿色食品　肥料使用准则

NY/T 658　绿色食品　包装通用准则

NY/T 1056　绿色食品　储藏运输准则

3 产地环境

产地环境应符合 NY/T 391 的要求。选择富含有机质，pH5.5～7.5，土壤耕作层 20 cm～30 cm，地势平坦、水源充足、排灌方便的田块。

4 品种选择

根据市场需求和栽培环境，选择优质、高产、抗病性强、耐储运、商品性好的审（认）定品种或地方优良品种。单季茭白宜选择金茭 1 号、丽茭 1 号、美人茭、鄂茭 1 号等。双季茭白宜选择浙茭 6 号、浙茭 8 号、浙茭 10 号、龙茭 2 号、鄂茭 2 号等。

5 种苗繁育

5.1 育苗田准备

宜选择土地平整、土壤肥沃、排灌方便、前作无严重病虫害的田块做育苗田。育苗前 5 d～7 d，结合整地施用腐熟有机质肥 400 kg/亩～500 kg/亩、三元复合肥 10 kg/亩～20 kg/亩作基肥。

5.2 种墩选择

选择符合品种特性、整齐度好、孕茭率高、结茭部位较低、茭肉饱满白嫩、抗病性强、无雄茭和灰茭的茭墩作为种墩，做好标记。茭白种墩选择工作应每年进行。

5.3 分墩育苗

5.3.1 割除茎叶

双季茭白宜在秋季采收结束后 1 个月左右，割除选定茭墩的地上部分茎叶，保存在选种田中湿润越冬；气温回升到 5 ℃以上时，田间保持 1 cm～3 cm 浅水层。

5.3.2 分墩

茭白苗高 20 cm 左右时，将每墩分割成 4 个以上小种墩，每个小种墩保留 4 株～6 株种苗，按行距 50 cm、墩距 40 cm 种植。

5.3.3 分株扩繁

苗高 50 cm 左右时分株扩繁,割叶并保留 30 cm 左右茎叶,每丛 3 株~4 株,按照行距 50 cm、丛距 50 cm 种植。

5.4 直立茎育苗

5.4.1 单季茭白

5.4.1.1 整地

排种前 1 d~2 d 整地施基肥,宜施用腐熟有机质肥 400 kg/亩~500 kg/亩、复合肥 10 kg/亩~20 kg/亩。翻耕作畦,畦宽 100 cm~120 cm,沟宽 40 cm,沟深 20 cm。耙平畦面,畦面保持湿润,沟内保持 10 cm~15 cm 水层。

5.4.1.2 直立茎采集

秋季茭白采收 20%~50% 时,选择已采收且茭白商品性能符合品种特性的直立茎,于土壤表面以下 0 cm~3 cm 剪断备用。海拔 500 m 以上山区,直立茎采集时间约在 9 月中下旬,平原地区直立茎采集时间在 10 月上旬至 11 月上旬。

5.4.1.3 直立茎排种

将直立茎整齐排放于畦面,间距 2 cm~5 cm,首尾相连,腋芽分布于两侧,轻压,使直立茎上表面与畦面平齐,畦面湿润但不积水。

5.4.1.4 秋冬季管理

苗高 5 cm 时,取畦沟泥土,在茭苗基部覆盖约 1 cm 厚稀薄泥土;苗高 10 cm 时,畦面保持 5 cm 浅水,预防病虫害 1 次;气温下降到 5 ℃以下时,再次覆盖约 1 cm 细土;0 ℃以下时灌水 5 cm 护苗越冬。

5.4.2 双季茭白

整地、直立茎采集、直立茎排种和秋冬季管理参照单季茭白。

5.4.2.1 第 1 次分株

春季苗高 30 cm~40 cm 时,田间宜保持 5 cm~10 cm 浅水,按行距 50 cm、株距 50 cm 进行单株定植。返青成活后,施用腐熟有机质肥 200 kg/亩~300 kg/亩;分蘖始期,施用尿素 10 kg/亩~15 kg/亩和氯化钾 5 kg/亩~8 kg/亩。

5.4.2.2 第 2 次分株

每丛分蘖数达 5 个左右时进行第 2 次分株繁殖,田间操作可参照第一次分株。

5.5 定植前处理

种苗宜随挖随种。定植前 5 d~7 d,将育苗田内长势过旺的茭苗或种墩剔除。定植前宜保留茎叶 30 cm~40 cm,剪去过长叶片。

6 整地、定植

6.1 整地

宜于定植前 3 d~5 d 进行。翻耕深度不超过 30 cm,并保持 5 cm~10 cm 水层。整地前施足基肥,中等肥力田块基肥施用量宜为腐熟有机质肥 500 kg/亩~1 000 kg/亩,三元复合肥 30 kg/亩~50 kg/亩。

6.2 定植

6.2.1 单季茭白

单季茭白分春季定植、秋冬季定植两种模式。春季日平均气温回升到 10 ℃以上时即可定植;秋季定植宜在茭白采收后 1 个月左右进行。宜采用宽窄行定植,宽行行距 70 cm~90 cm,窄行行距 40 cm~60 cm,株距 30 cm~40 cm,每穴 2 苗~3 苗。

6.2.2 双季茭白

定植时间宜为 6 月下旬至 8 月上旬。宜采用等行距定植,露地栽培行距宜为 90 cm~110 cm,设施大棚栽培行距宜为 80 cm~90 cm,株距宜为 40 cm~50 cm,每穴 1 苗。

7 田间管理

7.1 水位管理

茭白水位管理应遵循"浅水促蘖、适时搁田、深水控蘖、深水护茭"的原则。

7.1.1 单季茭白

定植后至分蘖盛期,田间宜保持 3 cm～5 cm 水位;分蘖盛期以后,适时搁田,干干湿湿壮秆。孕茭期至采收期,田间宜保持 5 cm～10 cm 水位。

7.1.2 双季茭白

夏季深水定植,保持水位 15 cm～20 cm;返青后轻搁田 3 d～5 d 后,灌溉 5 cm～10 cm 水层;达到计划分蘖数后,干干湿湿壮秆;孕茭期至采收期,田间保持 5 cm～10 cm 为宜。秋季茭白采收后,湿润越冬。

春季萌芽后,田间保持 5 cm 左右水位;间苗定苗后田间水位保持 20 cm 左右;采收期气温较高时,田间宜保持 15 cm～20 cm 水位,同时流动灌溉有利于提高茭白品质。

7.2 追肥

7.2.1 总体要求

应符合 NY/T 394 中有关绿色食品肥料使用的要求。

7.2.2 单季茭白

第 1 次追肥宜在定植后 7 d～10 d 进行,施用腐熟有机质肥 100 kg/亩～150 kg/亩或尿素 5 kg/亩～10 kg/亩。

第 2 次追肥宜在返青后 15 d～20 d 进行,施用腐熟有机质肥 200 kg/亩～300 kg/亩或三元复合肥 20 kg/亩～30 kg/亩。

第 3 次追肥宜在孕茭率达 50％时进行,施用高钾三元复合肥 10 kg/亩～15 kg/亩。

第 4 次追肥宜在茭白采收开始后 7 d～10 d 进行,施用三元复合肥 20 kg/亩～30 kg/亩。

7.2.3 双季茭白

7.2.3.1 秋季茭白

肥料管理可参照单季茭白进行。

7.2.3.2 春季茭白

第 1 次追肥宜在萌芽前进行,撒施腐熟有机质肥 100 kg/亩～200 kg/亩或三元复合肥 15 kg/亩～20 kg/亩。

第 2 次追肥宜在间苗后进行,撒施腐熟有机质肥 50 kg/亩～150 kg/亩或三元复合肥 15 kg/亩～25 kg/亩。

第 3 次追肥宜在定苗后进行,撒施腐熟有机质肥 50 kg/亩～100 kg/亩或三元复合肥 20 kg/亩～30 kg/亩。后期视植株长势强弱每 10 d～15 d 施肥 1 次,宜撒施腐熟有机质肥 40 kg/亩～80 kg/亩或三元复合肥 10 kg/亩～15 kg/亩。

第 4 次追肥宜在第 1 批茭白采收后进行,撒施腐熟有机质肥 50 kg/亩～100 kg/亩或三元复合肥 20 kg/亩～30 kg/亩,视植株长势情况间隔 10 d～15 d 再施用 1 次。

7.3 其他管理措施

7.3.1 间苗定苗

宜于返青后苗高 20 cm～30 cm 间苗,去除弱小苗、过密苗(采用疏苗机时,宜在苗高 10 cm～15 cm 进行)。单季茭白每墩宜保留 8 株～10 株健壮苗,双季茭白每墩宜保留 15 株～20 株健壮苗。

7.3.2 剥叶

一个生长期剥除老叶、黄叶和病残叶 1 次～2 次。第 1 次在拔节前,第 2 次在孕茭前,注意不要损伤植株。老叶和黄叶踩入土中作肥料,病叶移出田外集中销毁处理。

7.4 病虫害防治

7.4.1 主要有害生物

主要病害:胡麻叶斑病、锈病、纹枯病等。

主要虫害:二化螟、长绿飞虱等。

其他有害生物:福寿螺等。

7.4.2 防治原则

坚持"预防为主,综合治理"的原则,加强病虫测报,以农业防治为主,优先采用物理防治、生物防治措施,辅助使用化学防治措施。

7.4.3 防治措施

7.4.3.1 农业防治

选用抗病品种和无病虫种墩;加强田间管理,改善通风透光条件;合理灌溉,适时搁田,科学施肥;采收结束后及时清洁田园,销毁病老残叶,降低病虫基数。

7.4.3.2 生态防治

田埂上种植香根草等诱集二化螟产卵,减轻虫害;种植波斯菊、向日葵、虞美人、车轴草或酢浆草等植物,为天敌提供蜜源和庇护所,提高天敌的控害功能。

7.4.3.3 物理防治

每15亩～30亩安装1盏频振式杀虫灯,或每亩放置2个性引诱器诱杀二化螟等害虫。田间用竹片或木条等诱集福寿螺产卵并进行集中销毁等。

7.4.3.4 生物防治

采用"茭-鸭"共育、"茭-鱼"共育、"茭-鳖"共育等种养结合模式,减轻杂草和虫害危害;人工释放赤眼蜂等防治螟虫等。

7.4.3.5 化学防治

按照 NY/T 393 的规定使用化学农药;禁止使用禁限用农药,选用已登记农药,注意交替用药。防治方案等参见附录 A。茭白临近孕茭期,慎用杀菌剂。

8 采收

8.1 采收时间

一般倒三叶叶环齐平、心叶短缩、基部膨大,茭白肉露出 0.1 cm～1.0 cm 即可采收上市。茭白采收宜在清晨或阴天等气温较低时段进行。

8.2 采收方法

秋季茭白宜 2 d～3 d 采收 1 次,夏季茭白宜 1 d～2 d 采收 1 次。

秋季茭白,在茭壳以下 1 cm～2 cm 处将其割断;夏季茭白,结茭位置低,抓住壳茭用手扭断。留叶鞘 25 cm～40 cm,分级备用。

9 包装、运输与储藏

9.1 包装

应符合 NY/T 658 的要求。包装容器(框、箱、袋)应清洁、牢固、透气、无毒、无污染、无异味。内包装厚度宜为 0.03 mm～0.05 mm 的聚乙烯包装袋,外包装宜采用纸箱。每个包装单位净含量不宜超过15 kg。

9.2 储藏

9.2.1 临时储藏

茭白采收后将壳茭装入包装袋中,再将包装袋平铺于外包装箱中,不可硬塞、不可挤压。在袋内注入少量的清水,袋口松扎,置于预冷库中,温度以 0 ℃～5 ℃为宜,储藏时间不超过 3 d。

9.2.2 冷库储藏

冷库储藏的壳茭宜在 2 h～6 h 内运送到预冷库进行预冷,预冷温度为 0 ℃±1 ℃,预冷时间为 24 h～36 h。冷库储藏的温度宜为 0 ℃～5 ℃,空气相对湿度宜为 65%～80%。冷库储藏时间,夏季茭白储藏期不超过 45 d,秋季茭白储藏期不超过 60 d。

9.3 运输

宜采用冷藏车或带冷藏设备的车辆运输。车辆运输前应进行清洁,车内温度控制在 0 ℃～5 ℃。装车时,包装与包装之间宜加上减震材料,轻装、轻卸,运输时间不宜超过 48 h。不应与有毒、有害的物品混运混存,应符合 NY/T 1056 的要求。

10 生产废弃物处理

10.1 资源化处理

未发生严重病虫害的茎叶收割后可直接还田。茭白茎叶经粉碎、软化、压块制粒或密封青贮后可作为牛、羊等动物的饲料,也可堆沤后可加工成有机肥。

10.2 无害化处理

农业投入品的包装废弃物应回收,交由有资质的部门或网点集中处理,不得随意弃置、掩埋或者焚烧。

11 生产档案管理

应建立详细的绿色食品茭白生产档案,明确产地环境条件、生产技术、肥水管理、病虫草害发生和防治、采收和采后处理等各环节的记录。记录保存不少于 3 年。

附　录　A

（资料性附录）

江浙沪等地区绿色食品茭白主要病虫害防治方案

江浙沪等地区绿色食品茭白主要病虫害防治方案见表 A.1。

表 A.1　江浙沪等地区绿色食品茭白主要病虫害防治方案

防治对象	防治时期	农药名称	使用剂量	施药方法	安全间隔期,d	每季最多使用次数,次
胡麻叶斑病	发生初期	25%丙环唑乳油	15 mL/亩～20 mL/亩	喷雾,孕茭前 20 d 停止用药	21	2
纹枯病	发生初期	30%噻呋酰胺悬浮剂	2 000 倍液～2 500 倍液	发生初期喷雾 1 次,间隔 10 d～14 d 再喷雾 1 次	7	2
		24%井冈霉素水剂	1 666 倍液～2 000 倍液	发生初期喷雾 1 次,间隔 10 d～14 d 再喷雾 1 次	7	2
二化螟	卵孵化高峰期	苏云金杆菌 32 000 IU/毫克可湿性粉剂	333 倍液～500 倍液	卵孵化高峰期施药 1 次,隔 5 d 再施药 1 次	7～10	—
	卵孵高峰期至幼虫 1 龄	20%氯虫苯甲酰胺·20%噻虫嗪水分散粒剂	3 333 倍液～5 000 倍液	均匀喷雾	10	1
	害虫卵孵化盛期至二龄幼虫期	2%甲氨基阿维菌素苯甲酸盐微乳剂	35 mL/亩～50 mL/亩	均匀喷雾	14	2
长绿飞虱	虫害始发期至盛发期	25%吡蚜酮可湿性粉剂	1 666 倍液～2 500 倍液	均匀喷雾	10	1
	发生初期	25%噻虫嗪水分散粒剂	5 000 倍液～8 333 倍液	均匀喷雾	10	1
	低龄若虫盛发期	65%噻嗪酮可湿性粉剂	15 g/亩～20 g/亩	均匀喷雾	14	1

注:农药使用以最新版本 NY/T 393 的规定为准。

绿色食品生产操作规程

GFGC 2023A263

闽粤桂地区
绿色食品茭白生产操作规程

2023-04-25 发布

2023-05-01 实施

中国绿色食品发展中心 发布

前　言

　　本规程由中国绿色食品发展中心提出并归口。

　　本规程起草单位：福建省农业科学院作物科学研究所、福建省绿色食品发展中心、福建省农业农村厅种植业管理处、中国绿色食品发展站、广西壮族自治区绿色食品发展站、广东省农产品质量安全中心。

　　本规程主要起草人：薛珠政、杨芳、徐磊、马慧斐、李永平、关瑞峰、黄昊、汤宇青、黄李琳、曾晓勇、张宪、吴伟荣、陆燕、胡冠华、陈濠。

闽粤桂地区绿色食品茭白生产操作规程

1 范围

本规程规定了闽粤桂地区绿色食品茭白生产的产地环境、品种选择、种苗繁育、田间管理、病虫害防治、采收、生产废弃物处理、分级包装、储藏运输及生产档案管理。

本规程适用于福建、广东、广西等地的绿色食品茭白生产。

2 规范性引用文件

下列文件对于本文件的应用是必不可少的。凡是注日期的引用文件,仅注日期的版本适用于本文件。凡是不注日期的引用文件,其最新版本(包括所有的修改单)适用于本文件。

NY/T 391　绿色食品　产地环境质量

NY/T 393　绿色食品　农药使用准则

NY/T 394　绿色食品　肥料使用准则

NY/T 658　绿色食品　包装通用准则

NY/T 1056　绿色食品　储藏运输准则

NY/T 1834　茭白等级规格

3 产地环境

产地环境应符合 NY/T 391 的要求。选择富含有机质,pH 5.5～7.5,土壤耕作层 20 cm～30 cm,地势平坦、水源充足、排灌方便的田块。

4 品种选择

根据市场需求和栽培环境,选择不同生态类型的审(认)定品种、地方优良品种。单季茭白宜选择金茭 1 号、美人茭、桂瑶早等品种;双季茭白宜选择浙茭 6 号、浙茭 8 号、浙茭 10 号、龙茭 2 号等品种。

5 种苗繁育

5.1 育苗田准备

育苗基地冬季气温≤5 ℃时间应达到 7 d 以上,选择土地平整、土壤肥沃、排灌方便、前作无严重病虫害的田块做育苗田。育苗前 5 d～7 d,结合整地施用腐熟有机肥 400 kg/亩～500 kg/亩、三元复合肥 10 kg/亩～20 kg/亩作基肥。直立茎育苗育苗田与大田的比例通常 1∶(30～40),分墩育苗育苗田与大田的比例通常 1∶(10～15)。

5.2 种墩选择

宜选择符合品种特征特性,孕茭率高、整齐度好、结茭部位低、肉质茎饱满白嫩、抗病性强、无雄茭或灰茭的种墩,做好标记。茭白种墩选择工作应每年进行。

5.3 分墩育苗

5.3.1 割除茎叶

双季茭白秋季采收期结束后 1 个月左右,割除选定茭墩的地上部分茎叶,保存在选种田中,湿润越冬,气温回升到 5 ℃以上时保持 1 cm～3 cm 浅水层。

5.3.2 分墩

茭白苗高 20 cm 左右,每墩分割成 5 个以上小种墩,每个小种墩保留 4 株～6 株种苗,按行距 50 cm、墩距 40 cm 种植。

5.3.3 分株扩繁

苗高 50 cm 左右,割叶保留 30 cm 左右茎叶,每丛 3 株～4 株,按照行距 50 cm、丛距 50 cm 种植。

5.4 直立茎育苗

5.4.1 单季茭白

5.4.1.1 整地

排种前 1 d～2 d 整地施基肥,宜施用腐熟有机质肥 400 kg/亩～500 kg/亩、复合肥 10 kg/亩～20 kg/亩。翻耕作畦,畦宽 100 cm～120 cm,沟宽 40 cm,沟深 20 cm。耙平畦面,畦面保持湿润,沟内保持 10 cm～15 cm 水层。

5.4.1.2 直立茎采集

秋季茭白采收 20%～50%时,选择已采收茭白且茭白商品性符合品种特征特性的直立茎,于土壤表面以下 0 cm～3 cm 剪断备用。海拔 500 m 以上山区,直立茎采集时间在 9 月中下旬,平原地区直立茎采集时间在 10 月上旬至 11 月上旬。

5.4.1.3 直立茎排种

直立茎整齐排放于畦面,间距 2 cm～5 cm,首尾相连,腋芽分布于两侧,轻压,使直立茎上表面与畦面平,畦面湿润但不积水。

5.4.1.4 秋冬季管理

苗高 5 cm 时,取畦沟泥土,在茭苗基部覆盖 1 cm 稀薄泥土;苗高 10 cm 时,畦面保持 5 cm 浅水,预防病虫害 1 次;气温下降到 5 ℃以下时,再次覆盖 1 cm 细土;0 ℃以下时灌水 5 cm 护苗越冬。

5.4.2 双季茭白

整地、直立茎采集、直立茎排种和秋冬季管理,参照单季茭白。

5.4.2.1 第 1 次分株

春季苗高 30 cm～40 cm 时,田间宜保持 5 cm～10 cm 浅水,单株定植,行距 50 cm,株距 50 cm。返青成活后,施用腐熟有机质肥 200 kg/亩～300 kg/亩,分蘖始期,施用尿素 10 kg/亩～15 kg/亩和氯化钾 5 kg/亩～8 kg/亩。

5.4.2.2 第 2 次分株

每丛分蘖数达 5 个左右,进行第 2 次分株繁殖,田间操作可参照第 1 次分株。

5.5 定植前处理

种苗宜随挖随种。定植前 5 d～7 d,将育苗田内长势过旺的茭苗或种墩剔除。起苗后、定植前,保留种苗基部 30 cm～40 cm,剪去过长叶片。

6 田间管理

6.1 田块选择

选择富含有机质,pH 5.0～7.5,土壤耕作层 20 cm～30 cm,地势平坦、水源充足、排灌方便的田块种植。

6.2 整地施基肥

宜于定植前 7 d～10 d 整地施基肥,每亩施腐熟农家肥料 500 kg～1 000 kg,或有机肥 250 kg～500 kg、过磷酸钙 50 kg,碳酸氢铵 50 kg 作基肥。翻耕深度≤30 cm,做到田平、泥烂、肥足。保持 10 cm～15 cm 水层备用。结合整地耙地,加固加高田埂,使得田间最深水位可达到 20 cm 以上。肥料质量应符合 NY/T 394 的要求。

6.3 定植时间

6.3.1 单季茭白

日平均气温稳定在 10 ℃以上时定植,闽粤桂地区一般是 3 月中旬至 5 月上旬。

6.3.2 双季茭白

常规栽培模式宜于7月上旬至7月底,选择阴天或晴天16:00以后定植。光温条件较好的沿海产区,早熟栽培模式宜于11月下旬至12月下旬定植。

6.4 定植密度

6.4.1 单季茭白

宽窄行定植,宽行行距70 cm～90 cm,窄行行距40 cm～60 cm,株距30 cm～40 cm,每穴种植2株～3株基本苗。

6.4.2 双季茭白

等行距定植,行距80 cm～110 cm,株距40 cm～50 cm。7月上旬至7月底定植,行距宜宽;早熟栽培模式,行距宜窄。定植时,剪去叶鞘上部的叶片,保留30 cm～40 cm叶鞘。每穴种植21株～32株基本苗。

6.5 肥料管理

6.5.1 单季茭白

第1次追肥,定植后7 d～10 d返青,宜施用尿素5 kg/亩～10 kg/亩或腐熟有机肥100 kg/亩～150 kg/亩。

第2次追肥,返青后15 d～20 d进行,宜施用三元复合肥20 kg/亩～30 kg/亩,或尿素10 kg/亩、氯化钾10 kg/亩。

第3次追肥,孕茭率达50%时进行,宜施用高钾三元复合肥10 kg/亩～15 kg/亩。

第4次追肥,茭白采收7 d～10 d进行,宜施用三元复合肥20 kg/亩～30 kg/亩。

施肥时田间保持浅水,顺行撒施,间隔1 d～2 d恢复水位。

6.5.2 双季茭白

秋季茭白肥料管理,参照单季茭白进行。

春季茭白肥料管理,首次施肥宜在萌芽前进行,撒施腐熟有机肥100 kg/亩～200 kg/亩,三元复合肥30 kg/亩～40 kg/亩;间苗后施用三元复合肥20 kg/亩,定苗后三元复合肥30 kg/亩;以后视植株长势强弱,每隔10 d～15 d施肥1次～2次,每次施用三元复合肥10 kg～15 kg;第1批茭白采收后施用三元复合肥30 kg/亩,间隔10 d～15 d再次施用三元复合肥30 kg/亩。

6.6 水分管理

6.6.1 单季茭白

定植后到分蘖前,保持3 cm～5 cm浅水位,以利提高土温,促进发根和分蘖。当每墩抽生6个～7个粗壮分蘖时,灌水15 cm～20 cm,或轻搁田土至有细裂缝为宜,再灌水到15 cm～20 cm,抑制无效分蘖。孕茭初期,水位保持10 cm～15 cm。如遇高温,则及时利用冷水连续灌溉,有条件的地方,运用冷水喷灌降低环境温度,促进茭白提早孕茭。孕茭后期,水位降低到5 cm～10 cm,以利采收。

6.6.2 双季茭白

6.6.2.1 秋茭管理

夏季外界气温高,定植前田间保持15 cm～20 cm水位,防止高温烧苗;水面放养浮萍或铺盖无病秸秆,可以降低水体温度,提高茭苗成活率,缩短缓苗期。分蘖期,水位降低到3 cm～5 cm,浅水促蘖;分蘖后期,搁田3 d～5 d或灌溉15 cm～20 cm深水,抑制无效分蘖;进入孕茭期以后,保持水位约10 cm;采收期,保持水位5 cm～10 cm。雨天注意排水,不淹没"茭白眼"为宜。秋季茭白采收后,湿润越冬。

6.6.2.2 越冬管理

双季茭白秋茭采收后,排干积水,适当搁田,促进根系生长。气温降到5 ℃以下时,茭白叶片就开始枯黄,地上部分枯死后,齐泥割除,带出田外销毁或沤制有机肥。田块湿润越冬。

6.6.2.3 夏茭管理

春季萌芽后,田间保持水深5 cm左右;间苗定苗后田间水位保持20 cm左右;采收期气温较高,田间维持 15 cm～20 cm 水位,流动灌溉更加有利于提高茭白品质。

6.7 疏苗定苗

双季茭春季萌芽后,苗高 20 cm～30 cm 时(采用疏苗机,宜在苗高 10 cm～15 cm 时进行),去除生长过密的植株,每墩宜留外围壮苗 15 个～25 个,同时向母墩中央压泥块,使分蘖向四周散开生长。

6.8 除草、摘黄叶

茭白定植前结合耙地除草,定植成活至封行期结合追肥人工除草 2 次～3 次。分蘖后期,清除下部枯老的叶片,促进田间通风透光,以利植株孕茭。

6.9 去杂除劣

发现"雄茭""灰茭"及时整墩挖除。将田间不符合品种特征的植株连同其地下根状茎一并挖除。

7 病虫害防治

7.1 防治原则

坚持"预防为主,综合防治"的原则,推广绿色防控技术,优先采用农业防控、尽量利用物理和生物防控措施,必要时,合理使用高效低毒低残留农药防控,农药使用应符合 NY/T 393 的要求。

7.2 主要病虫害

主要病害有胡麻叶斑病、纹枯病等;主要害虫有长绿飞虱、二化螟等;其他有害生物有福寿螺等。

7.3 农业防治

选用抗病品种;宜与非禾本科作物进行 2 年～3 年轮作,采用水旱轮作;合理密植;科学管理肥水,增施磷钾肥;避免缺水干旱;保持田园清洁,人工除草,减少病虫源。

7.4 物理防治

7.4.1 采用频振式杀虫灯等诱杀鳞翅目为主的害虫。

7.4.2 在植株顶部以上约 20 cm 处悬挂粘虫板捕杀害虫,每亩用 25 cm×40 cm 的粘虫板 25 张～35 张。

7.4.3 田间用竹片或木条等诱集福寿螺产卵并进行集中销毁,同时结合农事操作人工捡螺,并在进水口设置过滤网以减少福寿螺进入。

7.5 生物防治

二化螟成虫羽化期用昆虫性信息素诱杀。每亩放置 1 个～2 个诱捕器,悬挂高度 1.5 m～1.8 m,每隔 30 d 左右更换诱芯。

7.6 化学防治

农药使用应符合 NY/T 393 的要求。优先使用植物源农药、矿物源农药及生物源农药,以及登记农药。做到适期施药、交替使用,遵守施药次数和安全间隔期。防治方案参见附录 A。

8 采收

孕茭部位膨大,露白时即可采收。秋季茭白,在茭壳以下 1 cm～2 cm 处将其割断;夏季茭白结茭位置低,抓住壳茭用手扭断;若全墩孕茭,留 2 株～3 株不采,防止全墩枯死。留叶鞘 25 cm～40 cm,除去茭白叶。秋季宜 2 d～3 d 采收 1 次,夏茭宜 1 d～2 d 采收 1 次。

9 生产废弃物处理

在生产基地内建立废弃物与污染物收集设施,各种废弃物与污染物要分门别类收集。集中统一无害化处理。未发生病虫害的秸秆、落叶收割后直接还田,通过翻耕压入土壤中补充土壤有机质,培肥地力;发生病虫害的秸秆、落叶要及时专池处理。

9.1 资源化处理

未发生严重病虫害的秸秆、落叶收割后可直接还田。茭白茎叶经粉碎堆沤后可加工成有机肥;粉碎软化、压块制粒或密封青贮后作为牛、羊等动物的饲料等。

9.2 无害化处理

农业投入品的包装废弃物应回收,交由有资质的部门或网点集中处理,不得随意弃置、掩埋或者焚烧。

10 分级包装

10.1 分级

按照 NY/T 1834 的规定进行分级。

10.2 包装

包装容器(箱、袋)应清洁、牢固、透气、无毒、无污染、无异味。鲜销的壳茭采用编织袋包装,储藏的壳茭,内包装采用厚度为 0.03 mm～0.05 mm 的专用保鲜袋。包装应符合 NY/T 658 的要求。

11 储藏运输

11.1 储藏

储藏场所应清洁、卫生、通风,储藏温度为 0 ℃～2 ℃,相对空气湿度控制在 85％～95％。储藏期间定期抽检,及时通风换气。储藏期不宜超过 2 个月。

11.2 运输

宜采用冷藏车或带冷藏设备的车辆运输。车辆运输前应进行清洁,车内温度控制在 0 ℃～5 ℃。装车时,包装与包装之间宜加上减震材料,轻装、轻卸,运输时间不宜超过 48 h。不应与有毒、有害的物品混运混存,应符合 NY/T 1056 的要求。

12 生产档案管理

应建立详细的绿色食品茭白生产档案,明确产地环境条件、生产技术、肥水管理、病虫草害发生和防治、采收和采后处理等各环节的记录,同时建立投入品出入库管理制度、质量卫生管理制度等,实行绿色食品生产全程质量追溯体系。绿色食品生产记录档案保存 3 年以上。

附 录 A

（资料性附录）

闽粤桂地区绿色食品茭白主要病虫害防治方案

闽粤桂地区绿色食品茭白主要病虫害防治方案见表 A.1。

表 A.1 闽粤桂地区绿色食品茭白主要病虫害防治方案

防治对象	防治时期	农药名称	使用剂量	施药方法	安全间隔期,d
胡麻叶斑病	发病初期（孕茭前 20 d 停用）	25%丙环唑乳油	15 mL/亩～20 mL/亩	喷雾	21
纹枯病	发病初期	24%井冈霉素水剂	1 666 倍液～2 000 倍液	喷雾	7
		30%噻呋酰胺悬浮剂	2 000 倍液～2 500 倍液	喷雾	7
飞虱	若虫孵化高峰期至低龄幼虫期	65%噻嗪酮可湿性粉剂	15 g/亩～20 g/亩	喷雾	14
		25%噻虫嗪水分散粒剂	5 000 倍液～8 333 倍液	喷雾	10
二化螟	二化螟卵孵化高峰期至低龄幼虫期	2%甲氨基阿维菌素苯甲酸盐微乳剂	35 mL/亩～50 mL/亩	喷雾	14
		32 000 IU/mg 苏云金杆菌可湿性粉剂	333 倍液～500 倍液	喷雾	—
注:农药使用以最新版本 NY/T 393 的规定为准。					

绿 色 食 品 生 产 操 作 规 程

云 贵 川 地 区
绿色食品茭白生产操作规程

2023-04-25 发布　　　　　　　　　　　　　　　　2023-05-01 实施

中国绿色食品发展中心　发布

前　言

本文件由中国绿色食品发展中心提出并归口。

本文件起草单位：云南省绿色食品发展中心、云南省农业科学院园艺作物研究所、昆明市农产品质量安全中心、曲靖市绿色食品发展中心、富民县农业技术推广服务中心、中国绿色食品发展中心、四川省绿色食品发展中心、贵州省绿色食品发展中心、贵州省农业科学院、黔南州种植业发展中心。

本文件主要起草人：江波、徐俊、丁永华、钱琳刚、王祥尊、龙荣华、李聪平、吕硕、周雪芳、鲁惠珍、杨永德、朱斌、段旭红、马雪、周熙、陈量、胡明文、覃壮宝。

云贵川地区绿色食品茭白生产操作规程

1 范围

本规程规定了云贵川地区绿色食品茭白生产的产地环境、品种选择、种苗繁育、整田、定植、田间管理、病虫害防治、采收、分级、包装与储运、生产废弃物处理和生产档案管理。

本规程适用于四川、贵州和云南高原产区的绿色食品茭白的生产。

2 规范性引用文件

下列文件对于本文件的应用是必不可少的。凡是注日期的引用文件,仅注日期的版本适用于本文件。凡是不注日期的引用文件,其最新版本(包括所有的修改单)适用于本文件。

NY/T 391　绿色食品　产地环境质量

NY/T 393　绿色食品　农药使用准则

NY/T 394　绿色食品　肥料使用准则

NY/T 658　绿色食品　包装通用准则

NY/T 1056　绿色食品　储藏运输准则

NY/T 1118　测土配方施肥技术规范

NY/T 1834　茭白等级规格

3 产地环境

产地环境应符合 NY/T 391 的要求,选择富含有机质,pH5.5～7.5,土壤耕作层 20 cm～30 cm,地势平坦、水源充足、排灌方便的田块。

4 品种选择

选择、优质、高产、商品性好、抗逆性强的茭白品种。单季茭白宜选用美人茭、金茭 1 号、丽茭 1 号、红麻壳子等,双季茭白宜选用浙茭 6 号、浙茭 8 号、浙茭 10 号、龙茭 2 号、鄂茭 2 号等品种。

5 种苗繁育

5.1 育苗田准备

育苗基地冬季最低气温≤5 ℃天数应达到 7 d 以上。选择土地平整、土壤肥沃、排灌方便、前作无严重病虫害的田块做育苗田。育苗前 5 d～7 d,结合整地施用腐熟有机肥 400 kg/亩～500 kg/亩、三元复合肥 10 kg/亩～20 kg/亩作基肥。

5.2 种墩选择

宜选择符合优良品种特征特性,整齐度好、孕茭率高、结茭部位低、肉质茎饱满白嫩、抗病性较强、无雄茭或灰茭的种墩,做好标记。茭白种墩选择工作应每年进行。

5.3 直立茎育苗

5.3.1 单季茭白

5.3.1.1 整地

排种前 1 d～2 d 整地施基肥,施用腐熟有机质肥 400 kg/亩～500 kg/亩、复合肥 10 kg/亩～20 kg/亩。翻耕作畦,畦宽 100 cm～120 cm,沟宽 40 cm,沟深 20 cm。耙平畦面,畦面保持湿润,沟内保持 10 cm～15 cm 水层。

5.3.1.2 直立茎采集

正常孕茭的秋季茭白,采收进度达到20%~50%时,选择已采收茭白且茭白商品性符合品种特征特性的直立茎,于土壤表面以下0 cm~3 cm剪断。采集的直立茎,宜当地繁殖或海拔高度相近的区域繁殖。

5.3.1.3 直立茎排种

直立茎整齐排放于畦面,间距2 cm~5 cm,首尾相连,腋芽分布于两侧,轻压,使直立茎上表面与畦面平,畦面湿润但不积水。

5.3.1.4 秋冬季管理

苗高5 cm时,取畦沟泥土,在茭苗基部覆盖1 cm稀薄泥土;苗高10 cm时,畦面保持5 cm浅水,预防病虫害1次;气温下降到5 ℃以下时,再次覆盖1 cm细土;0 ℃以下时灌水5 cm护苗越冬。

5.3.2 双季茭白

整地、直立茎采集、直立茎排种和秋冬季管理,参照单季茭白。

5.3.2.1 第1次分株

春季苗高30 cm~40 cm时,割叶分苗,单株定植,行距50 cm,株距50 cm。返青成活后,施用腐熟有机质肥200 kg/亩~300 kg/亩或尿素7.5 kg/亩~10 kg/亩,分蘖始期,施用尿素10 kg/亩~15 kg/亩和氯化钾5 kg/亩~7.5 kg/亩。

5.3.2.2 第2次分株

每丛分蘖数达5个左右,第2次分株繁殖,田间操作可参照5.3.2.1。

5.4 定植前处理

种苗宜随挖随种。定植前5 d~7 d,将育苗田内长势过旺的茭苗或种墩剔除。起苗后、定植前,保留种苗基部30 cm~40 cm,剪去过长叶片。

6 整田

定植前7 d~10 d整田,做到田平、泥化、无杂物,田埂加固加高,保持耕作土层20 cm~30 cm,水深5 cm~10 cm。结合整田,施腐熟农家肥1 500 kg/亩~2 000 kg/亩;商品有机肥500 kg/亩~1 000 kg/亩。肥料使用应符合NY/T 394的要求。

7 定植

7.1 春季定植

7.1.1 定植时间

宜于3月中旬至5月上旬定植。

7.1.2 定植密度

单季茭白宜宽窄行定植,宽行行距80 cm~110 cm,窄行行距40 cm~60 cm,穴距40 cm~50 cm。双季茭白宜等行距定植,行距100 cm,穴距50 cm。每穴2苗~3苗。

7.2 秋季定植

7.2.1 定植时间

单季茭白宜于11月定植;双季茭白宜于7月—8月定植。

7.2.2 定植密度

单季茭白宜宽窄行定植,宽行行距80 cm~110 cm,窄行行距40 cm~80 cm,穴距40 cm~50 cm。双季茭白宜等行距定植,行距100 cm,穴距50 cm。每墩穴1苗~2苗。

8 田间管理

8.1 补苗间苗

返青后,及时补苗;苗高30 cm~40 cm时及时间苗,单季茭白每墩保留壮苗8株~10株。双季茭白每墩外围壮苗 15 株～25 株。

8.2 水分管理

定植后至分蘖前期保持 5 cm～10 cm 水层;分蘖后期"干干湿湿"壮秆;孕茭期保持 10 cm～20 cm 水层,但不能超过"茭白眼";湿润越冬。

8.3 追肥

8.3.1 追肥原则

采取测土配方施肥,结合茭白生长发育情况分期施用。肥料使用应符合 NY/T 394 的要求。施肥技术应符合 NY/T 1118 的要求。

8.3.2 春季定植追肥

活棵肥:定植后 7 d～10 d,尿素 5 kg/亩～7.5 kg/亩,商品有机肥 100 kg/亩。

分蘖肥:返青后 15 d～20 d,施复合肥 20 kg/亩～25 kg/亩、氯化钾 5 kg/亩～10 kg/亩。

孕茭肥:孕茭盛期复合肥 10 kg/亩～15 kg/亩。

采茭肥:3%～5%茭白采收后,施复合肥 20 kg/亩～25 kg/亩。

8.3.3 秋季定植追肥

活棵肥:返青后施尿素 5 kg～7.5 kg/亩,商品有机肥 100 kg/亩。

分蘖肥:返青后 15 d～20 d,施三元复合肥 20 kg/亩～25 kg/亩、氯化钾 5 kg～10 kg /亩。21 d 后追施复合肥 15 kg/亩～20 kg /亩、氯化钾 5 kg～10 kg/亩。

孕茭肥:孕茭率达 60%以上时,复合肥 10 kg/亩～15 kg/亩、硫酸钾 5 kg/亩～7 kg/亩。

采茭肥:3%～5%茭白采收后,施复合肥 15 kg/亩～20 kg/亩。

8.4 除草

定植成活到封行期间结合追肥、耘田,选择人工除草、茭田养鸭除草。人工除草时需剥除黄叶、剔除病苗、弱苗、雄茭等。

9 病虫害防治

9.1 防治原则

坚持"预防为主,综合防治"的原则,推广绿色防控技术,优先采用农业措施、物理防治、生物防治,科学合理使用低风险农药。严格执行农药安全间隔期。

9.2 常见病虫害

主要病害有胡麻叶斑病、锈病、纹枯病等;主要虫害有二化螟、飞虱、蚜虫等。

9.3 防治措施

9.3.1 农业防治

选用抗病虫品种、培育壮苗;加强栽培管理,改善通风透光条件,采收后及时清除田园残留的地上茎叶;撒施新鲜石灰粉 40 kg/亩～50 kg/亩防治锈病;合理轮作,保持和优化农业生态系统,减少病虫草害发生。

9.3.2 物理防治

悬挂粘虫板诱杀蚜虫和飞虱,粘虫板底部高出植株顶部 20 cm～30 cm,每亩悬挂 30 张～40 张;采用黑光灯、频振式太阳能杀虫灯等物理装置诱杀螟虫,每 10 亩～30 亩茭田安装 1 盏,杀虫灯底部应高出植株顶部 1 m～1.5 m。

9.3.3 生物防治

使用植物源、微生物源等农药防治病虫害。保护和利用生物天敌自然控制害虫。秧苗移栽后 30 d,可采用茭田养鸭模式控制草害。

9.3.4 化学防治

农药使用应符合 NY/T 393 的要求。防治方案参见附录 A。

10 采收

茭壳露出 0.1 cm～0.3 cm 宽肉质茎时及时采收；采收后清洗，清洗用水水质应符合 NY/T 391 的要求。

11 分级

茭白应新鲜、清洁，无病虫危害斑点、基部切口及肉质茎表面无锈斑。肉茭表面有光泽、硬实、不萎蔫。按照 NY/T 1834 的规定进行分级。

12 包装与储运

12.1 标识与标签

包装上应标明产品名称、生产者、产地、商标、规格、净含量和采收日期等，标识上的字迹应清晰、完整、准确。标识与标签应符合 NY/T 658 的要求。

12.2 包装

包装容器(箱、袋)应清洁、牢固、透气、无毒、无污染、无异味。包装时按产品的品种和规格分类、分级。包装应符合 NY/T 658 的要求。

12.3 储藏与运输

茭白应存放在专用区域或库房，储藏场所和运输工具应清洁、卫生。储藏前应采用真空预冷，冷库温度应保持在 0 ℃～2 ℃，空气相对湿度为 85%～90%。运输过程中注意通风换气，避免机械损伤。不应与有毒、有害的物品混运混存。储藏运输应符合 NY/T 1056 的要求。

13 生产废弃物处理

茭白生产过程中植株残体、杂草、投入品包装物等应及时清理并进行无害化处理。

14 生产档案管理

生产者应建立绿色食品茭白生产档案，记录茭白品种、繁殖、施肥、病虫害防治、采收、包装储运和生产废弃物处理等田间操作管理措施；所有记录应真实、准确、规范，并具有可追溯性；生产档案应有专人专柜保管，至少保存 3 年。

附 录 A

（资料性附录）

云贵川地区绿色食品茭白生产主要病虫害防治方案

云贵川地区绿色食品茭白生产主要病虫害防治方案见表 A.1。

表 A.1 云贵川地区绿色食品茭白生产主要病虫害防治方案

防治对象	防治时期	农药名称	使用剂量	施药方法	安全间隔期,d
纹枯病	发病初期	24％井冈霉素水剂	1 666 倍液～2 000 倍液	喷雾	7
		30％噻呋酰胺悬浮剂	2 000 倍液～2 500 倍液	喷雾	7
胡麻叶斑病	发病初期	25％丙环唑乳油	15 mL/亩～20 mL/亩	喷雾	21
飞虱、蚜虫	发生初期	25％吡蚜酮可湿性粉剂	1 666 倍液～2 500 倍液	喷雾	10
		25％噻虫嗪水分散粒剂	5 000 倍液～8 333 倍液	喷雾	10
		65％噻嗪酮可湿性粉剂	15 g/亩～20 g/亩	喷雾	14
二化螟	2 龄幼虫前	40％氯虫·噻虫嗪水分散粒剂	3 333 倍液～5 000 倍液	喷雾	10
	卵孵化高峰期	32 000 IU/mg 苏云金杆菌可湿性粉剂	333 倍液～500 倍液	喷雾	—
	2 龄幼虫期	2％甲氨基阿维菌素苯甲酸盐微乳剂	35 mL/亩～50 mL/亩	喷雾	14

注：农药使用以最新版本 NY/T 393 的规定为准。

绿 色 食 品 生 产 操 作 规 程

GFGC 2023A265

辽 吉 黑 等 地 区
绿色食品南瓜生产操作规程

2023-04-25 发布

2023-05-01 实施

中国绿色食品发展中心 发布

GFGC 2023A265

前　言

本规程由中国绿色食品发展中心提出并归口。

本规程起草单位：中国农业科学院蔬菜花卉研究所、哈尔滨市农业科学院、吉林省绿色食品办公室、内蒙古自治区农畜产品质量安全中心、黑龙江省农业科学院园艺分院、中国绿色食品发展中心、辽宁省农产品加工流通促进中心。

本规程主要起草人：王君、刘英、李衍素、孙敏涛、谢学文、于贤昌、陈立新、鞠丽荣、李刚、王多玉、杜方。

辽吉黑等地区绿色食品南瓜生产操作规程

1 范围

本规程规定了辽吉黑等地区绿色食品南瓜的产地环境、品种选择、整地播种、田间管理、病虫害防治、采收、生产废弃物处理、储藏运输及生产档案管理。

本规程适用于内蒙古东部、辽宁、吉林、黑龙江的绿色食品南瓜生产。

2 规范性引用文件

下列文件对于本文件的应用是必不可少的。凡是注日期的引用文件,仅注日期的版本适用于本文件。凡是不注日期的引用文件,其最新版本(包括所有的修改单)适用于本文件。

GB 16715.1 瓜菜作物种子 瓜类

NY/T 391 绿色食品 产地环境质量

NY/T 393 绿色食品 农药使用准则

NY/T 394 绿色食品 肥料使用准则

NY/T 658 绿色食品 包装通用准则

NY/T 747 绿色食品 瓜类蔬菜

NY/T 1056 绿色食品 储藏运输准则

3 产地环境

产地环境条件应符合 NY/T 391 的要求。选择疏松肥沃、排灌良好、不旱不涝的微酸性至微碱性(pH 5.5～8.0)的沙壤土为宜,或前茬 1 年～2 年未种过瓜类蔬菜的地块。

4 品种选择

4.1 选择原则

根据当地气候条件、病虫害发生规律和市场需求,选择多抗、优质、高产、商品性好的品种,如谢花面、果品天香、哈栗香 2 号、惠和贝贝等。

4.2 种子要求

种子质量应符合 GB 16715.1 的要求。

5 整地播种

5.1 整地施肥

春整地,若播前无降水,播前一周整地即可;若遇较大降水,应及时进行浅耕、镇压,耕层深度 10 cm～15 cm,整后土壤上虚下实。整平起垄,垄高 15 cm,垄宽 65 cm。将腐熟农家肥 2 000 kg/亩、三元复合肥 15 kg/亩～20 kg/亩、微生物有机肥 50 kg/亩作为基肥,结合起垄施入肥料。肥料使用应符合 NY/T 394 的要求。

秋整地,于上冻前深翻 30 cm 以上。起垄方式和基肥施用方法与春整地相同。

5.2 播种育苗
5.2.1 播种时间

直播,当 10 cm 耕层土壤地温连续 7 d 稳定在 12 ℃以上时即可播种。

穴盘育苗,根据移栽时间提前 25 d～30 d 播种。

5.2.2 育苗土准备

育苗土要求疏松肥沃,有较强的保水性和透水性,通气性好,微酸性或中性(pH 6.0~7.5),无病菌、虫卵及杂草种子。自制育苗土可选用5份大田土(5年未种过葫芦科作物且在1年内未打过残效期长的除草剂)、2份腐熟有机肥、3份草炭土混匀,亦可选择商品育苗基质。

5.2.3 种子处理

剔除瘪粒、破碎粒及杂质等。播种前晒种1 d~2 d,每天翻动2次。晒种后,将种子置于50 ℃~55 ℃水中浸种15 min~20 min,其间不断搅拌;之后继续常温浸种4 h~5 h,然后清水冲洗2次~3次,沥干水后,用洁净湿布包起种子放入塑料薄膜袋中保湿,在25 ℃~32 ℃下催芽,70%以上的种子露白时应及时播种。

5.2.4 播种方法

采用穴盘育苗或田间干籽直播。播种前将装满基质的穴盘用水淋透,将已催芽的种子或干种子1穴1粒播下,种子平放,播后覆土1 cm~2 cm,加盖地膜保温保湿。

田间直播一般不进行催芽,干籽或处理后的种子直接播种,每穴2粒~3粒,覆土2 cm,播后覆膜。

5.2.5 苗期管理

出苗前白天温度25 ℃~30 ℃,夜间12 ℃~15 ℃。出苗后及时撤去地膜,白天温度22 ℃~25 ℃,夜间15 ℃~17 ℃。第1片真叶伸展后白天温度可提高至25 ℃~28 ℃,夜间16 ℃~18 ℃。定植前需低温炼苗,逐步将温度降至与移栽环境相同。一般苗龄25 d~30 d。

直播后应及时破膜、查苗、间苗和补苗。

5.2.6 移栽

当10 cm耕层土壤地温稳定在12 ℃以上时,选晴天傍晚移栽。隔垄种植、单向爬蔓或隔2垄种植、对向爬蔓均可。移栽前在定植垄上覆盖地膜,株距55 cm~60 cm,行距120 cm~130 cm。栽培密度850株/亩~900株/亩。定植后培土稍压实,浇透水。

6 田间管理

6.1 整枝压蔓

单蔓整枝,只留主蔓,其余侧枝坐瓜前全部打掉,每株坐住2个~3个瓜后,在瓜前6片~7片叶处摘心打顶。

双蔓整枝,在5叶时摘心,选取两条健壮侧蔓,坐瓜前其余侧枝全部打掉,每个蔓上坐住1个~2个瓜后,在瓜前6片~7片叶处摘心打顶。果实坐住后生出的新蔓不再打蔓。

压蔓,当蔓长70 cm~80 cm时,在离顶端15 cm~20 cm处挖一与蔓爬行方向相垂直的浅沟,将瓜蔓茎节埋入沟中用土压住,每隔60 cm~70 cm再压蔓1次,共2次~3次。

6.2 辅助授粉

盛花期,7:00—9:00人工授粉,亦可采用蜜蜂辅助授粉,放蜂量每公顷2箱~3箱。

6.3 果实护理

当南瓜坐住后及时在坐瓜位置铺上地布等进行垫瓜;待瓜充分膨大后及时翻瓜;在生长后期,注意用草或叶子遮瓜。

6.4 肥水管理

定植后浇1次缓苗水。若直播,定苗后根据土壤墒情及时浇水1次。第一瓜坐稳后浇水1次,15 d后根据墒情再浇水1次~2次,采收前15 d不再浇水。

第一瓜坐稳后,每次浇水均随水冲施大量元素水溶肥料10 kg/亩~15 kg/亩,叶面喷施0.2%磷酸二氢钾1次,以后每隔15 d喷施1次,共喷施2次~3次。

7 病虫害防治

7.1 防治原则

坚持"预防为主,综合防治"的原则。优先采用农业防治、物理防治、生物防治,配合化学防治。

7.2 常见虫害

主要虫害:烟粉虱等。

7.3 农业防治

实施秋翻,合理轮作;提前对育苗土壤消毒杀菌;选用抗病品种及培育壮苗;及时清理病株、病叶、老叶和烂瓜。

7.4 物理防治

人工除草;利用黄板诱杀,在田间均匀悬挂 20 块/亩~30 块/亩,高出植株 10 cm~15 cm;采用覆盖银灰色膜或在瓜田周围悬挂银灰色塑料薄膜防虫。

7.5 生物防治

利用天敌、生物农药防治病虫害,如释放七星瓢虫防治蚜虫,用嘧啶核苷类抗菌素防治白粉病等。

7.6 化学防治

农药使用应符合 NY/T 393 的要求。防治方案参见附录 A。

8 采收

8.1 采收时间

老熟瓜宜在授粉后 40 d~45 d 进行采收,最晚需在初霜期前完成全部采收。

8.2 采收方法

采收应选择晴天上午进行。产品质量应符合 NY/T 747 的要求,可实行分批采收。采收时用剪刀剪断果柄,果柄留存长度要略高于果肩 2 cm~3 cm,操作要轻,切口处不要沾土。

8.3 采后处理

采收后不宜马上码堆,宜放在阴凉下通风一段时间。按大小、外观进行归类分级堆放,便于管理和出仓销售。

8.4 包装

包装应符合 NY/T 658 的要求。

9 生产废弃物处理

9.1 废弃物资源化利用

秸秆机械还田或饲料化利用。

9.2 无害化处理

9.2.1 秸秆处理

果实采收后,将藤蔓断根晒干后,集中成堆,拉到指定地点进行集中处理。

9.2.2 投入品废弃物处理

投入品的包装废弃物应回收,交由有资质的部门或网点集中处理。生产过程中产生的种子包装袋、地膜、农药和肥料包装瓶(袋)等废弃物,应在指定地点存放,并定期处理,不可随地乱扔、掩埋或者焚烧,避免对土壤和水源造成二次污染。建立农药瓶(袋)回收机制,统一销毁或二次利用。

10 储藏运输

储藏与运输应符合 NY/T 1056 的要求。运输工具应清洁、干燥、有防雨设施。严禁与有毒、有害、有腐蚀性、有异味的物品混运。采收的南瓜应在避光、常温、干燥的地方储藏,储藏设施应清洁、干燥、通风、无虫害和鼠害,严禁与有毒、有害、有腐蚀性、易发霉、发潮、有异味的物品混存。

11 生产档案管理

针对绿色食品南瓜的生产过程,建立相应的生产档案。详细记录产地环境条件、生产技术、肥水管理、病虫草鼠害的发生和防治、采收及采后处理措施等,以及需注意和改进的地方。记录资料要保存 3 年以上。

附　录　A

（资料性附录）

辽吉黑等地区绿色食品南瓜生产主要虫害防治方案

辽吉黑等地区绿色食品南瓜生产主要虫害防治方案见表 A.1。

表 A.1　辽吉黑等地区绿色食品南瓜生产主要虫害防治方案

防治对象	防治时期	农药名称	使用剂量	施药方法	安全间隔期,d
烟粉虱	烟粉虱初期	40％吡蚜酮·溴氰虫酰胺水分散粒剂	40 g/亩～60 g/亩	喷雾	14
注:农药使用以最新版本 NY/T 393 的规定为准。					

绿 色 食 品 生 产 操 作 规 程

GFGC 2023A266

陕 甘 宁 等 地 区
绿色食品南瓜生产操作规程

2023-04-25 发布

2023-05-01 实施

中国绿色食品发展中心　发布

前　言

本规程由中国绿色食品发展中心提出并归口。

本规程起草单位：中国农业科学院蔬菜花卉研究所、西北农林科技大学、陕西省农产品质量安全中心、内蒙古自治区农畜产品质量安全中心、山西农业大学、甘肃省农业科学院、青海大学、海东市平安区农业农村和科技局、宁夏大学、中国农业科院西部中心（新疆）、中国绿色食品发展中心。

本规程起草人：孙敏涛、程永安、谢学文、李衍素、王转丽、王君、于贤昌、郝贵宾、王多玉、王啟梅、田洁、文军琴、白龙强、林玉红、李建设、何文清。

陕甘宁等地区绿色食品南瓜生产操作规程

1 范围

本规程规定了陕甘宁等地区绿色食品南瓜的产地环境、茬口安排、品种选择、播期和播量、育苗、定植、田间管理、病虫害防治、采收与包装、生产废弃物的处理、储藏与运输和生产档案管理。

本规程适用于山西、内蒙古西部、陕西、甘肃、青海、宁夏、新疆的绿色食品南瓜的生产。

2 规范性引用文件

下列文件对于本文件的应用是必不可少的。凡是注日期的引用文件,仅注日期的版本适用于本文件。凡是不注日期的引用文件,其最新版本(包括所有的修改单)适用于本文件。

GB 16715.1 瓜菜作物种子 瓜类

NY/T 391 绿色食品 产地环境质量

NY/T 393 绿色食品 农药使用准则

NY/T 394 绿色食品 肥料使用准则

NY/T 658 绿色食品 包装通用准则

NY/T 747 绿色食品 瓜类蔬菜

NY/T 1056 绿色食品 储藏运输准则

NY/T 2118 蔬菜育苗基质

3 产地环境

应符合 NY/T 391 的要求。选择地势高燥,排灌方便,土壤疏松肥沃,富含有机质,pH 5.5～6.8,耕作层深 30 cm 以上的壤土或沙壤土,前茬 1 年～2 年未种过葫芦科作物的地块。另外,设施栽培中尽可能使用水肥一体化技术。在绿色食品和常规生产区域之间应设有缓冲带或物理屏障。生产基地建设应选择生态环境好、无污染、远离工矿区和公路、铁路干线的地区。

4 茬口安排

南瓜栽培分露地栽培和设施栽培。露地栽培为一年一茬,设施栽培主要分为早春茬和秋茬。

露地栽培:直播栽培的播种期为 4 月上旬至 5 月中旬,育苗移栽栽培的播期再提前 7 d～10 d。

设施早春茬:在多种保护地设施内均可进行,如日光温室、大中小拱棚等。在 1 月—2 月播种,2月—3 月定植,3 月中旬至 4 月上旬可以开始采收,6 月下旬至 7 月上中旬拉秧。

设施秋茬:在日光温室、大中小拱棚内进行。播种期为 7 月中旬至 8 月上旬,收获始期为 9 月上中旬。11 月上中旬大中棚拉秧,12 月下旬日光温室拉秧。

5 品种选择

选择适合西北气候条件和市场需求、优质、高产、抗病、抗逆性强、耐储运、商品性好的南瓜品种。优先选用在当地引种示范过的品种,新引进品种应先进行小面积试种。种子质量应符合 GB 16715.1 的要求。

6 播期和播量

6.1 播种量

每亩栽培面积育苗用种量 200 g～400 g。露地留苗每亩 300 株～500 株,设施吊蔓或插架栽培亩留苗 1 000 株～1 200 株。

6.2　播种期

早春茬为 2 月中下旬;秋茬为 7 月底至 8 月中旬;露地一大茬直播为 4 月上旬至 5 月中旬,育苗移栽栽培的播期再提前 7 d～10 d。

7　育苗

7.1　育苗设施

早春茬选用温室、塑料大棚或小拱棚等设施,宜配备加温、保温、防虫装置;秋茬口选用大、小棚均可,应配备防虫、遮阳、防雨装置。

7.2　育苗基质

育苗基质符合 NY/T 2118 的要求。宜选商品育苗基质。如果自配基质配制比例为草碳与蛭石比例为 2∶1,加入氮磷钾复合肥 1 kg/m³,拌匀;然后自配营养土,用非瓜类田园土 6 份,腐熟农家肥 4 份,打碎过筛,加入氮磷钾复合肥 1 kg/m³,充分混匀。

7.3　营养钵、穴盘

营养钵上口直径为 7 cm～10 cm、高 10 cm。穴盘为 32 孔或 50 孔。

7.4　种子处理

种子放入 55 ℃ 温水中,按种子与水的质量 1∶5 比例浸种,边浸边搅拌至室温后,用清水洗净黏液;或用 1% 高锰酸钾溶液浸种 20 min～30 min,或用 10% 磷酸钠溶液浸种 15 min,用清水洗净。包衣的种子可直接催芽。

7.5　浸种催芽

处理后的种子在常温下用水浸泡 4 h～6 h 后捞出沥净,放在 25 ℃～30 ℃ 处催芽。注意保湿,每 12 h 清洗 1 次。70% 种子露白后即可播种。

7.6　播种

早春茬育苗需 20 d 左右,秋茬育苗需 10 d～15 d,苗态呈"2 叶 1 心"状;早春茬晴天中午播种,秋茬下午播种。播种前灌透水,水下渗后,每穴播 1 粒,种子平放,均匀覆土 1.5 cm～2.0 cm。早春茬播后覆盖地膜,秋茬床面覆盖遮阳网或稻草,幼苗顶土时去除床面覆盖物。

7.7　苗床温度管理

春季播种到子叶出土,白天温度 25 ℃～30 ℃,夜间 18 ℃～20 ℃;子叶出土到第 1 片真叶出现,白天温度 20 ℃～25 ℃,夜间 10 ℃～15 ℃;定植前 7 d～10 d,白天温度 18 ℃～25 ℃,夜间 10 ℃ 左右,进行炼苗。秋季育苗以遮阳降温为主。

8　定植

8.1　整地

选择前茬为非瓜类作物的温室或大棚,要求土壤肥沃、保肥、保水、排灌方便。前茬作物生产结束后,清除残株落叶杂草等,深翻 20 cm～25 cm。施肥以后再耕一遍,耧平耙细。做平畦或起垄。

8.2　施基肥

施肥应符合 NY/T 394 的要求。每亩用量根据土壤的肥沃程度和有机肥类型确定。整地前浇透水。当土壤适耕时每亩撒施优质农家肥(有机质含量 9% 以上)1 500 kg,养分含量不足时可补充化肥,或施蔬菜、瓜果专用配方肥 80 kg～100 kg,腐熟农家肥 1 500 kg～2 000 kg。

8.3　棚室消毒

设施栽培的早春茬采用药剂消毒。一般采用硫黄熏蒸法,选晴天进行,每立方米的空间使用硫黄 4 g,锯末 8 g,晚上 7 时至 8 时,每隔 2 m～3 m 距离堆放锯末,摊平后撒一层硫黄粉,倒入少量酒精,逐个点燃,24 h 后放风排烟。消毒后通风至无味时定植。设施栽培的秋茬采用高温闷棚消毒。

8.4 定植幼苗

早春茬在 3 月上旬至 4 月中旬,10 cm 处土壤最低温度稳定在 12 ℃以上时定植;秋茬在 8 月上中旬定植。露地栽培每亩栽苗 300 株～500 株,行距 250 cm～350 cm;设施吊蔓栽培 1 000 株～1 200 株,行距 60 cm～150 cm,株距 50 cm(单蔓整枝)、90 cm(双蔓整枝)。早春茬栽培采用暗水定植,小行垄上覆盖地膜。秋茬栽培采明水定植。

9 田间管理

9.1 温度管理

早春茬定植后前 3 d～4 d 保持棚内高温高湿,不超过 30 ℃不可放风。温度管理:白天 28 ℃～30 ℃,夜间 18 ℃～20 ℃;定植后 4 d～7 d,白天 25 ℃～28 ℃,以不超过 30 ℃为宜,夜间 18 ℃～20 ℃;7 d 后:白天 23 ℃～28 ℃,夜温 18 ℃～15 ℃。

9.2 株型调整

单蔓整枝:只留主蔓,及时摘除所有侧蔓。双蔓整枝:在幼苗 5 片真叶时,摘除生长点,待侧枝长出后,留 2 个健壮侧枝。

9.3 支架栽培

植株蔓长 30 cm～40 cm 时支架。每株一桩,在 1.5 cm 处用横竿连贯固定;每株用 1 根竹竿互相交叉成为"人"字形架,在 150 cm 处(交叉处)用横竿连贯固定。瓜苗位于架的两侧。

9.4 吊蔓栽培

植株蔓长 40 cm～50 cm 时吊蔓。在植株上方 180 cm～200 cm 处拉铁丝,吊绳的上端直接绑在铁丝上,下端将吊绳直接绑在根基部,也可以绑在地面的固定物上。每株瓜秧用一根绳,随着茎蔓的生长,将蔓缠绕在吊绳上。

9.5 爬地栽培

露地种植宜采用爬地栽培,植株蔓长 50 cm～100 cm 时进行压蔓,用土压蔓时应避开雌花。

9.6 人工辅助授粉

授粉在 6:00—8:00 雄花、雌花完全开放时,采摘雄花,剥离花冠,露出雄蕊,一只手轻轻捏住雌花的花冠,另一只手将雄蕊表面上的花粉均匀涂抹在雌花的柱头上,1 朵雄花可涂抹 2 朵～3 朵雌花,也可采用蜜蜂授粉。

10 病虫害防治

10.1 常见病虫害

主要病害:白粉病、灰霉病、病毒病、茎基腐病。
主要虫害:白粉虱、烟粉虱、蚜虫、美洲斑潜蝇。

10.2 防治原则

坚持"预防为主,综合防治"的原则,推行绿色防控技术,优先采用农业防治、物理防治和生物防治措施,配合使用化学防治措施。防治方案参见附录 A。

10.3 防治措施

农业防治:与非葫芦科作物轮作,减少病虫害发生。种植前高温闷棚减少病虫害的发生,棚内地表温度 55 ℃,闷棚 25 ℃～30 ℃培育适龄壮苗,提高抗逆性。

物理防治:用防虫网封闭通风口防止害虫进入。黄板诱杀蚜虫,每亩设 25 cm×40 cm 黄板 30 块～40 块,于植株上方 10 cm～15 cm 处。棚外安装频振式杀虫灯诱杀害虫,辐射半径 80 m～100 m,离地高度 1.2 m～1.5 m。

11 采收与包装

根据市场需求适时采收,嫩瓜采收一般在花后 10 d～15 d 进行,老瓜采收一般在花后 35 d～50 d 进行。要求果实完整、清洁、有光泽、无萎蔫、外观新鲜；无冷害、冻害，无病斑、腐烂或变质，无虫害及其他机械损伤。产品质量应符合 NY/T 747 的要求。采收后应按大小、形状、品质进行分类分级，分别包装。包装应符合 NY/T 658 的要求。

12 生产废弃物的处理

生产过程中及时清除老叶、病叶等残体。南瓜落秧前摘除的老叶、病叶以及拉秧后将植株连根拔起的植株残体全部拉到指定的地点处理。清除的病叶、病株及杂草，应统一处理或就地深埋，亦可与有机肥一同进行发酵腐熟后，作为肥料使用。

采收结束后应及时清理地膜等生产废弃物，地膜、防虫网、滴灌带等应集中回收处理。农药包装袋、包装瓶作为有害垃圾，应集中做无害化处理。

13 储藏与运输

储藏与运输应符合 NY/T 1056 的要求，适宜的储藏温度为 11 ℃～15 ℃，空气相对湿度保持在 90%～95%。库内堆码应保证气流均匀流通。运输前应进行预冷，运输过程中注意防冻、防雨、防晒、通风散热。

14 生产档案管理

建立生产档案，包括生产过程、农业投入品使用、田间管理等，详细记录生产技术、病虫害防治、采收等具体措施，并保存记录 3 年以上。

附　录　A

（资料性附录）

陕甘宁等地区绿色食品南瓜主要虫害防治方案

陕甘宁等地区绿色食品南瓜主要虫害防治方案见表 A.1。

表 A.1　陕甘宁等地区绿色食品南瓜主要虫害防治方案

防治对象	防治时期	农药名称	使用剂量	施药方法	安全间隔期,d
烟粉虱	发生初期	40％吡蚜酮·溴氰虫酰胺水分散粒剂	40 g/亩～60 g/亩	喷雾	14
注:农药使用以最新版本 NY/T 393 的规定为准。					

绿 色 食 品 生 产 操 作 规 程

GFGC 2023A267

西 南 高 原 地 区
绿色食品南瓜生产操作规程

2023-04-25 发布

2023-05-01 实施

中国绿色食品发展中心 发布

前　言

本规程由中国绿色食品发展中心提出并归口。

本规程起草单位：四川省绿色食品发展中心、四川省农业科学院农业质量标准与检测技术研究所、四川省农业科学院园艺研究所、中国绿色食品发展中心、贵州省绿色食品发展中心、云南省绿色食品发展中心、重庆市农产品质量安全中心、西藏自治区农业技术推广服务中心。

本规程主要起草人：敬勤勤、刘小俊、闫志农、孟芳、周熙、曾海山、彭春莲、杨晓凤、张宪、王多玉、白娜、梁潇、钱琳刚、江波、张海彬、司政邦。

西南高原地区绿色食品南瓜生产操作规程

1 范围

本规程规定了西南高原地区绿色食品南瓜的产地环境,品种(苗木)选择、播种、育苗,田间管理、采收、生产废弃物的处理,运输储藏及生产档案管理。

本规程适用于重庆、四川、贵州、云南、西藏地区绿色食品南瓜的生产。

2 规范性引用文件

下列文件对于本文件的应用是必不可少的。凡是注日期的引用文件,仅注日期的版本适用于本文件。凡是不注日期的引用文件,其最新版本(包括所有的修改单)适用于本文件。

GB 16715.1　瓜菜作物　种子

NY/T 391　绿色食品　产地环境质量

NY/T 393　绿色食品　农药使用准则

NY/T 394　绿色食品　肥料使用准则

NY/T 658　绿色食品　包装通用准则

NY/T 1056　绿色食品　储藏运输准则

3 产地环境

产地环境应符合 NY/T 391 的要求。选择生态环境良好,远离污染源、地势高燥、排灌方便、土层深厚、疏松、肥沃的地块。

4 品种(苗木)选择

4.1 选择原则
选用抗寒能力强、抗病性好、节间短、结果早、果形整齐、耐储存运输的优良品种。

4.2 品种选用
可选择一些适合本区域种植的品种,比如西南高原地区种植可选用蜜本南瓜、板栗南瓜、嫩早 2 号。

4.3 种子处理
4.3.1 种子质量
种子纯度≥95％、净度≥97％、发芽率≥85％、含水量≤8％,种子质量应符合 GB 16715.1 的要求。

4.3.2 种子消毒
将干种子倒入 55 ℃～60 ℃的热水中,水量为种子量的 5 倍～6 倍,不断搅拌使种子受热均匀,水温降至 30 ℃时,继续浸泡 2 h～3 h 将种子捞出,洗净种子表面黏液。

4.3.3 催芽措施
将处理好的种子用湿布包好后放在 28 ℃～30 ℃的条件下催芽 24 h～48 h,60％的种子露白时即可播种。

5 播种、育苗

5.1 播种
露地生产播期为 3 月底至 4 月底,每亩育苗栽培用种量为 300 g～450 g,直播用种量 600 g～800 g。育苗播种穴盘用 1％高锰酸钾溶液浸泡消毒 30 min,育苗基质用 50％多菌灵可湿性粉剂 800 倍液进行灭菌消毒,预湿至含水量达到65%～75%,堆闷8 h～10 h。在种子露白后进行播种。每穴(杯)播1粒种子,种子平放。播完后覆盖1 cm～1.5 cm厚的营养土,苗床上覆盖地膜,保湿保温。70%拱土出苗后揭开地膜。

5.2 育苗

5.2.1 育苗

保持床温或育苗杯温度在20 ℃～25 ℃,5 d～7 d就可出苗。南瓜出苗期间,注意随时轻轻摘掉种壳,以便叶子展开。子叶出土后,当秧苗有2片～3片真叶时,即可定植。

5.2.2 苗期管理

出苗前白天温度保持25 ℃～30 ℃,夜间保持在12 ℃～15 ℃。出苗后至第1片真叶出现前,白天温度保持20 ℃～25 ℃,夜间保持9 ℃～10 ℃。第1片真叶展开后,白天温度保持18 ℃～20 ℃,定植前一周白天温度保持15 ℃～20 ℃。浇足底水后不浇或少浇水,定植前5 d～6 d停止浇水。幼苗出土后,增加光照时间。苗床湿度以控为主,空气相对湿度保持75%～85%,湿度过大时适当通风降湿。

6 田间管理

6.1 定植前的准备

6.1.1 整地要求

早春结合镇压保墒,清除田间枯枝落叶、残留地膜等杂物。定植前旋耕深20 cm～25 cm,耱平地面,按宽行距2.3 m～2.5 m,小行距0.7 m～0.8 m划线。

6.1.2 施肥起垄

耙细作畦,肥料使用的原则和要求按NY/T 394的规定执行。每亩准备腐熟农家肥4 000 kg～4 500 kg,生物有机肥200 kg/亩,并补充适量氮磷钾平衡复合肥。所选复合肥提前与生物有机肥掺混均匀准备做基肥。

播种前3个月,将土壤深翻、暴晒。临近播种期,沿划好的线开深20 cm的施肥沟,一次将准备好的农家肥和基肥均匀撒施于沟内,然后将小行距内的土均匀向两侧覆盖在施肥沟上,形成种植垄和垄沟,垄高25 cm。垄起好后在垄沟内灌定植水,并根据水线修补垄面,保持垄面平整。

6.2 定植

当外界最低温度稳定通过8 ℃时(晚霜期过后)即可定植。每垄种1行,在垄沟内测沿水平线定植,株距60 cm。移栽深度以盖住苗坨为宜,不可过深。露地搭架栽培,采用双蔓或多蔓整枝,每亩定植600株～700株。设施栽培,采用单蔓整枝,每亩定植1 200株～1 300株。

6.3 施肥

结合第1次灌水(定植7 d后)开始追肥,每亩追施多元复合肥15 kg,距根15 cm～20 cm处穴施。第1个瓜充分膨大时,进行第2次追肥,亩追施水溶肥10 kg。伸蔓期叶面喷施2次～3次沼液肥(沼液:水＝1:3)。

6.4 灌溉

定植后,如果墒情好,一般不需要灌水。要防止由于地下水位较高,影响根系的正常生长。若墒情较好或土壤较板结的地方,应多次进行中耕,同时,提高地温,促进根系发育,以利壮秧。伸蔓期应少浇水,而后视墒情浇水,多雨天气及时排除积水。第一瓜坐瓜前严格控水,避免"化瓜",造成坐果节位上移。瓜旺盛膨大时是植株需肥水最多的时期,也是决定丰产的关键时期。在中午温度高时,切忌浇水施肥,否则会造成肥害或生理病害发生。采收前15 d停止浇水。

6.5 整枝与压蔓

6.5.1 整枝

一般两蔓整枝,在引蔓时,为了下一步的管理方便和丰产,要把各侧枝或植株的蔓向一个方向引蔓,形成两蔓方向一致,互不干扰。

6.5.2 压蔓

在爬地栽培中,用土或竹签进行压蔓,确保蔓的生长方向固定。

6.6 辅助授粉

露地南瓜开花授粉盛期在 8:00—10:00。冬春棚室设施开花后每天 8:00—10:00,将刚开放的雄花,摘掉花冠,把花粉轻轻涂抹于雌花柱头上,每朵雄花可用 1 朵～2 朵雌花的授粉,或先采集花粉用棉球或毛笔轻轻涂抹雌花柱头。

6.7 垫瓜

爬地栽培,用杂草或树的嫩幼枝叶等比较柔软的东西垫住瓜体,如果南瓜坐在易渍水的地方,可以先垫砖头或石块,再于上面垫草。

6.8 病虫草鼠害防治

6.8.1 防治原则

坚持"农业防治、物理防治、生物防治为主,化学防治为辅"的原则。

6.8.2 常见病虫草害

危害南瓜的病害主要有白粉病、病毒病、霜霉病等;虫害主要有蚜虫、白粉虱等;草害主要是藜科、禾本科等杂草。

6.8.3 防治措施

6.8.3.1 农业防治

选用抗病品种,深耕晒垡,培育壮苗,创造适宜的生长环境条件;严格实施轮作制度;采用高垄地膜覆盖栽培;合理密植,保证田间通风透光;清洁田园,将残枝败叶和杂草清理干净,发现病株及时拔除,进行无害化处理,保持田园清洁,减少越冬病虫源等综合措施。

6.8.3.2 物理防治

温汤浸种,人工除草,悬挂黄、蓝粘虫板,架设太阳能杀虫灯等进行诱杀防治,银膜驱避等。

6.8.3.3 生物防治

人工释放天敌,如丽蚜小蜂、草蛉等来防治白粉虱,使用生物农药等。

6.8.3.4 化学防治

选用的农药应符合 NY/T 393 的要求。防治方案参见附录 A。

7 采收

7.1 采收时间

菜用嫩南瓜采摘从结瓜后 10 d～15 d 为宜,老南瓜一般结瓜后 40 d～45 d,表皮出现蜡质层粉末时采收为好。

7.2 采收方法

采收时要留 3 cm～5 cm 瓜蒂。瓜蒂切口风干后用蜡封紧,在搬运过程中注意轻拿轻放,保证果实无伤(延长储存期及减少养分消耗)。不得与有毒有害物质混放。

7.3 采收标准

瓜形圆润,色泽好,果皮光滑,无裂果,无畸形果,无病虫害及机械伤痕。根据用途决定采收,鲜食瓜达到商品成熟大小就可以采收。供瓜肉加工品种早霜前采收结束,防止受冻。

嫩瓜采收,授粉后 15 d～20 d,待小瓜长到 500 g 左右,即可收获。采收老瓜的,可待植株枯黄后,可以采收,采收后,将老瓜放阴凉干燥处,让后熟即可。具体特征是果皮变硬、呈现本品种固有色泽、果粉增多。采收选择晴天露水干后进行。

8 生产废弃物的处理

将残枝败叶和杂草清理干净,集中进行无害化处理,保持田间清洁。废旧农膜等农业废弃物按照当地农业主管部门要求进行无害化处理。

9 运输储藏

9.1 库房质量

简易棚可进行短期储藏。有条件应在库房内储藏,库房储藏应符合 NY/T 1056 的要求。达到屋面不漏雨,地面不返潮,墙体无裂缝,门窗能密闭,具有坚固、防潮、散热、通风等性能。温度变化控制在±0.5 ℃。

应单收、单运、单储藏,并储存在清洁、干燥、通风良好、无鼠害、虫害的成品库房中,不得与有毒、有害、有异味和有腐蚀性的其他物质混合存放。

9.2 防虫措施

应做好清洁卫生工作。保持库房低温、干燥、清洁,不利于害虫生长与繁殖,并消灭一切洞、孔、缝隙,让害虫无藏身栖息之地。

9.3 防鼠措施

应选具有防鼠性能的库房,地基、墙壁、墙面、门窗、房顶和管道等都做防鼠处理,所有缝隙不超过1 cm。在库房门口设立挡鼠板,出入仓库养成随手带门的习惯。另设防鼠网、安置鼠夹、粘鼠板、捕鼠笼等防除鼠害。死角处经常检查,及时清理死鼠。

9.4 包装与运输

所用包装材料或容器应采用单一材质的材料,方便回收或可生物降解的材料,符合 NY/T 658 的要求。在运输过程中禁止与其他有毒有害、易污染环境等物质一起运输,以防污染。

10 生产档案管理

建立绿色食品南瓜生产档案,应详细记录产地环境条件、生产技术、肥水管理、病虫草害的发生和防治措施、采收及采后处理等情况,并保存记录 3 年以上。

附　录　A

（资料性附录）

西南高原地区绿色食品南瓜生产主要病虫害防治方案

西南高原地区绿色食品南瓜生产主要病虫害防治方案见表 A.1。

表 A.1　西南高原地区绿色食品南瓜生产主要病虫害防治方案

防治对象	防治时期	农药名称	使用剂量	施药方法	安全间隔期,d
霜霉病	发病前至发病初期	80％三乙膦酸铝可湿性粉剂	117.5 g/亩～235 g/亩	喷雾	7～10
		40％三乙膦酸铝可湿性粉剂	235 g/亩～470 g/亩	喷雾	7～10
白粉虱	发生初期	40％吡蚜酮·溴氰虫酰胺水分散粒剂	40 g/亩～60 g/亩	喷雾	14
注:农药使用以最新版本 NY/T 393 的规定为准。					

绿 色 食 品 生 产 操 作 规 程

GFGC 2023A268

京 津 冀 等 地 区
绿色食品南瓜生产操作规程

2023-04-25 发布

2023-05-01 实施

中国绿色食品发展中心 发布

前　言

本文件由中国绿色食品发展中心提出并归口。

本文件起草单位：河南省农产品质量安全和绿色食品发展中心、河南科技学院、漯河市农产品质量安全检测中心、周口市农产品质量安全检测中心、河南省食品检验研究院、鹤壁市农业农村局、长葛市农业农村局、江苏省绿色食品办公室、河北省农产品质量安全中心、北京市农产品质量安全中心、安徽省绿色食品管理办公室、天津市农业发展服务中心、山东省农业生态与资源保护总站、临颍县京烁农业专业合作社、中国绿色食品发展中心。

本文件主要起草人：宋伟、李新峥、于璐、魏钢、许琦、王卫、李卫华、刘金权、闫贝琪、石聪、马莉、黄华、张军培、杭祥荣、李永伟、庞博、谢陈国、杨鸿炜、王莹、孟浩、吴春祥、杨和连、唐伟。

京津冀等地区绿色食品南瓜生产操作规程

1 范围

本文件规定了京津冀等地区绿色食品南瓜生产的产地环境、品种选择、栽培时间、播种育苗、田间管理、病虫草害防治、采收与采后处理、生产废弃物处理及生产档案管理。

本文件适用于北京、天津、河北、江苏、安徽、山东、河南地区绿色食品南瓜的生产。

2 规范性引用文件

下列文件对于本文件的应用是必不可少的。凡是注日期的引用文件，仅注日期的版本适用于本文件。凡是不注日期的引用文件，其最新版本(包括所有的修改单)适用于本文件。

GB 13735　聚乙烯吹塑农用地面覆盖薄膜

NY/T 391　绿色食品　产地环境质量

NY/T 393　绿色食品　农药使用准则

NY/T 394　绿色食品　肥料使用准则

NY/T 658　绿色食品　包装通用准则

NY/T 747　绿色食品　瓜类蔬菜

NY/T 1056　绿色食品　储藏运输准则

3 产地环境

产地环境应符合 NY/T 391 的要求，宜选择地势高燥，排灌方便，土层深厚、疏松、肥沃的地块。

4 品种选择

选择抗病虫害、高产、优质、商品性符合市场需求的优良南瓜品种。以采收老熟瓜为主的品种，如金蜜蜜本、特优蜜本、金优蜜 2 号、百蜜 6 号、金香南瓜(小型南瓜)、盘龙 204(小型南瓜)等；以采收嫩南瓜为主的品种，安阳七叶早、百蜜嫩瓜 1 号等。

5 栽培时间

京津冀等地区的南瓜栽培宜在 3 月—5 月播种。河南、山东南瓜栽培，宜 3 月中下旬在保护设施内播种育苗，4 月中旬后露地定植，或 4 月上中旬大田直播。安徽、江苏南瓜栽培，宜 3 月上旬在保护设施内播种育苗，4 月上旬定植，或 3 月底至 4 月初大田直播。北京、天津、河北的南瓜栽培，宜 3 月下旬在保护设施内播种育苗，4 月底至 5 月上旬定植，或 4 月底至 5 月初大田直播。

6 播种育苗

6.1 育苗设施

采用保护设施育苗，并使用穴盘或营养钵护根育苗。

穴盘：宜采用 32 孔或 50 孔塑料穴盘。

营养钵：宜采用 9 cm～12 cm×9 cm～12 cm 的营养钵。

6.2 营养土配制

营养钵育苗宜配制营养土，选用 2 年以上未种植过葫芦科植物(或无南瓜病虫源)的田园土、经充分腐熟的有机肥，按体积比为 3∶2 混合，过筛去除杂物，每立方米加入三元复合肥(N－P－K＝15－15－

15)1 kg,适量加水充分拌匀,用塑料薄膜覆盖闷制备用。穴盘育苗宜选用适合瓜类的商品基质,并按照其使用说明使用。

肥料使用应符合 NY/T 394 的要求。

6.3 种子处理

剔除瘪粒、破碎粒及杂质等。播种前晒种 1 d～2 d,每天翻动 2 次。晒种后,将种子放入 50 ℃～55 ℃水中保持 15 min～20 min,其间不断搅拌,之后继续常温浸种 4 h～5 h,捞出沥干水分,保持湿润,在 25 ℃～32 ℃环境下催芽。70%以上的种子露白时应及时播种。

6.4 播种

播种前将配制好的营养土或商品基质装入穴盘或营养钵,浇足底水,以底孔不漏水为宜。每穴或每钵平播 1 粒露白种子,覆盖基质 2 cm 左右或营养土 1 cm 左右,再覆地膜,待出苗后及时揭去地膜。

大田直播时,播深 3 cm～5 cm,或采用瓜菜农田播种器播种,播种时浇足水,按照既定的株距平播 1 粒～2 粒露白种子,覆土 1 cm～2 cm,再覆上地膜。出苗当天及时破膜掏苗,用细土压实出苗孔。地膜选用应符合 GB 13735 的要求。

6.5 育苗期管理

6.5.1 温度管理

出苗前,设施内温度以 25 ℃～32 ℃为宜。出苗后至真叶显现,设施内温度白天 20 ℃～25 ℃,夜间 12 ℃～15 ℃。真叶出现后,设施内温度白天 25 ℃～28 ℃,夜间 15 ℃左右。定植前 5 d～7 d 开始炼苗,适当降温通风,温度逐渐接近大田环境条件。

6.5.2 水分管理

苗床湿度保持在 60%～70%,缺水时及时喷水。

6.5.3 壮苗标准

苗龄 20 d～25 d,幼苗 2 片～3 片真叶,子叶完好,茎秆粗壮,叶色浓绿有光泽,节间短,株高 12 cm～15 cm,根系发达,无病虫害。

7 田间管理

7.1 整地施肥

翻耕土地 25 cm 左右深度,耙细整平。可采取单行定植或双行定植方式。具体整地作畦方式见附录 A。

基肥集中施于种植行一侧的沟内,根据土壤肥力确定基肥总量。每亩可施用商品有机肥 1 000 kg 左右(有机质含量 40%以上)或优质农家肥 2 000 kg 左右(有机质含量 20%以上),三元复合肥(N-P-K＝15-15-15)30 kg 左右。肥料使用应符合 NY/T 394 的要求。

7.2 定植

根据南瓜品种长势和植株调整方式不同,按 50 cm～100 cm 株距定植,定植深度以子叶节略高于地面为佳,浇透水,采用地膜覆盖并用细土压实定植孔。南瓜爬蔓生长,如采用整枝打杈方式管理,每亩定植 300 株～500 株;如采用轻简省工方式管理,宜稀植,每亩定植 150 株～250 株。

7.3 定植后管理

7.3.1 中耕除草

定植到瓜蔓封垄前,及时中耕除草。提倡使用旋耕机在行间旋地除草,在瓜秧封垄之前,可用小型旋耕机旋耕 2 次～3 次,以控制杂草。

7.3.2 水肥管理

南瓜栽培宜采用水肥一体化管理,应提前设计并铺设好滴灌管带。

伸蔓期应少浇水,促进发根,利于壮秧。第一瓜坐瓜前严格控水,而后视墒情浇水。老熟瓜采收前 10 d 停止浇水。多雨天气及时排除积水。

幼瓜坐稳后及时追肥,每亩每次可顺水冲施大量元素水溶性肥料(普通水溶肥 N - P - K＝20 - 20 - 20 或高钾水溶肥 N - P - K＝8 - 10 - 35)10 kg 左右。每茬瓜至少追肥 1 次,正常情况下,南瓜可采收 2 茬～3 茬。肥料使用应符合 NY/T 394 的要求。

7.3.3 植株调整

7.3.3.1 整枝、压蔓

根据南瓜品种长势、坐瓜习性和管理方法的不同,可采取单蔓整枝、多蔓整枝和免整枝方式。

单蔓整枝方式:保留主蔓结瓜,把其余侧蔓全部去掉。如不再采收嫩瓜,最后一个瓜坐稳后其上留 10 片叶左右进行摘心。摘心后注意及时摘除侧蔓。

多蔓整枝方式:主蔓 5 节～7 节时摘心,选留基部 2 条～3 条生长势强的侧蔓生长。或者主蔓不摘心,直接在基部选留 1 个～2 个侧蔓与主蔓并行生长,其余侧蔓均应摘除。如不再采收嫩瓜,最后一个瓜坐稳后其上留 10 片叶左右进行摘心。

免整枝方式:属轻简化省工管理方式,宜稀植,即按照最大的行株距进行南瓜苗定植,不整枝,不摘心,压蔓完成后不再进行植株调整。

压蔓:将瓜蔓整理好,分布均匀。挖沟 10 cm 左右,蔓长 50 cm 处压第一道蔓,以后每隔 5 节左右压蔓 1 次,共压 2 次～3 次。将瓜蔓轻放入,再用土压好,注意不要压住叶子、瓜胎和花蕾。

7.3.3.2 授粉

人工授粉在晴天 6:00—9:00 进行,将当天开放的雄花去掉花瓣,然后将花粉轻轻涂抹在当天开放的雌花柱头上,每朵雄花可授 1 朵～3 朵雌花,异株授粉为宜。大量开花时如果观察到有较多蜂类帮助授粉,可不再进行人工授粉。

轻简省工栽培时,全程不采取人工授粉。但雄花开花较晚的南瓜品种,会影响雌花授粉坐瓜,可在田间地头配置少量的雄花开放早、花粉量大的授粉品种。

7.3.3.3 留瓜、垫瓜

精细栽培管理时,视植株长势、品种特性及瓜型大小实行人工选瓜、留瓜,一般瓜蔓 10 片～12 片叶留第一瓜,每蔓可留 1 个～2 个瓜。幼瓜迅速膨大后,有条件的可用杂草、麻袋片等物垫在瓜下。轻简省工栽培时,按照品种习性自然坐瓜、留瓜。

8 病虫草害防治

8.1 主要病虫草害

常见的南瓜病害主要有病毒病、白粉病、疫病、霜霉病等;虫害主要有蚜虫、瓜实蝇、螨虫、黄守瓜、地老虎等;草害主要有禾本科杂草、阔叶杂草,以及莎草科杂草类等。

8.2 防治原则

坚持"预防为主,综合防治"的原则,优先采用农业防治和物理防治方式,合理使用化学防治。

8.3 防治措施

8.3.1 农业防治

选用抗(耐)病虫品种,与非葫芦科作物合理轮作。严格进行种子消毒,培育壮苗。使用无害化处理后的有机肥。加强中耕除草,及时清除田间的残枝败叶和杂草,保持田园清洁。

8.3.2 物理防治

阳光下晒种。在行间或株间,高出植株顶部 5 cm～20 cm 处悬挂粘虫板,黄板(25 cm×30 cm)诱杀蚜虫、白粉虱等,每亩挂 30 块～40 块,蓝板诱杀蓟马,每亩挂 25 块～30 块,当色板粘满虫时,及时更换。人工捕捉黄守瓜成虫。也可使用银灰膜、频振式杀虫灯等防治害虫。草害防治宜采用机械旋耕或人工除草方式进行。

8.3.3 生物防治

利用天敌、生物农药防治病虫害,如释放七星瓢虫防治蚜虫,用嘧啶核苷类抗菌素防治白粉病等。

8.3.4 化学防治

注意轮换用药,合理混用。防治方案参见附录 B。药剂使用应符合 NY/T 393 的要求。

9 采收与采后处理

9.1 采收

雌花开放后 15 d 左右可采收嫩瓜。雌花开放后 45 d 以上开始采收老熟瓜,具体特征是果皮变硬、呈现本品种固有色泽、果粉增多。选择晴天露水干后进行。

采收时,用剪刀将果实从枝蔓上剪掉,并把果柄基部修剪平滑。

9.2 采后处理

收获后剔除病瓜、烂瓜,并按照大小、成熟度进行分级。为增加老熟瓜着色,可将南瓜码垛起来,用草帘捂盖,外加塑料薄膜防雨防潮。嫩瓜宜采取泡沫网套等保护措施避免损伤。产品质量应符合 NY/T 747 的要求,包装应符合 NY/T 658 的要求。

储藏场所应选通风、阴凉的库房,分层码放或拱架存放,防止潮湿。储藏可采用塑料编织袋、网袋、塑料筐、纸箱等包装方式,也可不用包装物直接码放,但底部需垫草苫等物,不能直接接触地面。储藏温度 10 ℃~15 ℃,湿度 70％~75％,储藏期一般为 2 个~4 个月。储藏期防鼠采用粘鼠板、捕鼠笼、灭鼠器等设备。储藏运输应符合 NY/T 1056 的要求。

10 生产废弃物处理

生产过程中,农药、化肥等投入品的包装以及废弃的地膜应分类收集,进行无害化处理或回收循环利用。栽培的瓜秧及时清除,可集中粉碎,堆沤有机肥料循环利用。

11 生产档案管理

每个生产地块应建立独立、完整的生产管理档案,记录种子、种苗、农药、肥料等来源信息,保留生产过程中各个环节的记录。生产档案真实、准确、规范,并妥善保存,以备查阅。生产管理档案至少保存 3 年以上。

附　录　A
（资料性附录）
南瓜整地作畦方式

A.1　单行定植

京津冀等地区绿色食品南瓜单行定植整地作畦方式见图 A.1。

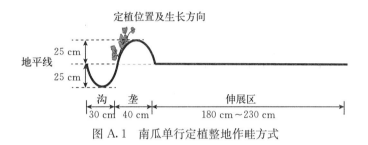

图 A.1　南瓜单行定植整地作畦方式

A.2　双行定植

京津冀等地区绿色食品南瓜双行定植整地作畦方式见图 A.2。

图 A.2　南瓜双行定植整地作畦方式

附　录　B

（资料性附录）

京津冀等地区绿色食品南瓜主要病虫草害防治方案

京津冀等地区绿色食品南瓜主要病虫草害防治方案见表 B.1。

表 B.1　京津冀等地区绿色食品南瓜主要病虫草害防治方案

防治对象	防治时期	农药名称	使用剂量	施药方法	安全间隔期,d
霜霉病	发病前和初期	80%三乙膦酸铝可湿性粉剂	117.5 g～235 g/亩	喷雾	3
多种病害	发病前或初期	36%甲基硫菌灵悬浮剂	400 倍～1 200 倍液	喷雾	14
烟粉虱	发生初期	40%吡蚜酮·溴氰虫酰胺水分散粒剂	40 g/亩～60 g/亩	喷雾	14
蚜虫	达到当地防治指标时	4.5%高效氯氰菊酯乳油	5 mL/亩～27 mL/亩	喷雾	7
杂草	南瓜生长期杂草出齐后或上茬蔬菜采收后南瓜栽种前	18%草铵膦可溶液剂	150 mL/亩～250 mL/亩	杂草定向茎叶喷雾	—
注:农药使用以最新版本 NY/T 393 的规定为准。					

绿 色 食 品 生 产 操 作 规 程

GFGC 2023A269

江 浙 沪 等 地 区
绿色食品南瓜生产操作规程

2023-04-25 发布

2023-05-01 实施

中国绿色食品发展中心 发布

前 言

本规程由中国绿色食品发展中心提出并归口。

本规程起草单位：中国农业科学院蔬菜花卉研究所、广东省农业科学院蔬菜研究所、广西壮族自治区绿色食品发展站、福建省绿色食品发展中心、广东省农产品质量安全中心（广东省绿色食品办公室）、清远市农业科技推广服务中心（清远市农业科学研究所）、湖北省绿色食品管理办公室、江西省农业技术推广中心、江苏省绿色食品办公室、滨海县农业农村局、浙江大学、中国绿色食品发展中心、上海市农产品质量安全中心、合肥市包河区农业综合服务中心、湖南省绿色食品办公室、海南省现代农业检验检测预警防控中心。

本规程主要起草人：王君、黄河勋、谢学文、孙敏涛、于贤昌、吴其德、钟玉娟、罗文龙、李衍素、刘淑梅、杨芳、杨艳芹、王文龙、杨远通、杜志明、杭祥荣、周忠正、唐明佳、王多玉、杨琳、朱海燕、刘新桃、李晓慧。

江浙沪等地区绿色食品南瓜生产操作规程

1 范围

本规程规定了江浙沪等地区绿色食品南瓜的产地环境、品种选择、整地播种、定植、田间管理、病虫草鼠害防治、采收、生产废弃物处理、储藏运输及生产档案管理。

本规程适用于上海、江苏、浙江、安徽、福建、江西、湖北、湖南、广东、广西、海南的绿色食品南瓜生产。

2 规范性引用文件

下列文件对于本文件的应用是必不可少的。凡是注日期的引用文件，仅注日期的版本适用于本文件。凡是不注日期的引用文件，其最新版本（包括所有的修改单）适用于本文件。

GB 16715.1　瓜菜作物种子　瓜类

NY/T 391　绿色食品　产地环境质量

NY/T 393　绿色食品　农药使用准则

NY/T 394　绿色食品　肥料使用准则

NY/T 658　绿色食品　包装通用准则

NY/T 747　绿色食品　瓜类蔬菜

NY/T 1056　绿色食品　储藏运输准则

3 产地环境

应符合 NY/T 391 的要求。选择阳光充足、排灌方便、疏松肥沃、保水保肥的微酸性至微碱性(pH 5.5～8.0)的壤土或沙壤土，前茬 1 年～2 年未种过瓜类蔬菜的地块。

4 品种选择

4.1 选择原则

根据当地的气候条件和市场需求，选择抗逆性强、丰产、优质、耐储运和商品性好的品种。

4.2 品种选用

大果型南瓜可选用金韩蜜本、江淮蜜本等；小果型南瓜可选用香芋南瓜、金铃南瓜等；板栗型南瓜可选用翡翠南瓜、锦栗系列、红栗系列、贝栗系列等。

5 整地播种

5.1 整地施肥

种植地块深耕翻土，精耕细耙，挖深沟起畦。畦宽约 5 m，畦长根据地块长度而定。四周开沟，沟宽 30 cm～35 cm，沟深 20 cm～25 cm，沟沟相通，使排灌顺畅。种植带位于畦的两侧，宽 70 cm～80 cm。

基肥用量：三元复合肥 20 kg～30 kg/亩、有机质含量≥45％的有机肥 50 kg～100 kg/亩、2 亿单位/g 的生物菌肥 20 kg～30 kg/亩。将基肥施于种植带，然后将种植带深翻一遍使基肥与土壤混匀，培成龟背形的种植行，高度不低于 20 cm，覆盖宽 70 cm～80 cm 的聚乙烯地膜或生物可降解地膜。肥料使用应符合 NY/T 394 的要求。

5.2 播种育苗

5.2.1 播种季节

春种 1 月—4 月中旬播种，5 月—8 月采收；秋种 7 月下旬至 8 月中旬播种，10 月—11 月采收。

5.2.2 育苗土配制

育苗土应富含有机质、结构疏松但又不易松散,具有良好的保水性和透气性,微酸性或中性、无病虫源等。可采用商用蔬菜育苗基质,也可因地制宜自行配制,如水稻土与腐熟蘑菇渣按2∶3充分混合、过筛备用。

5.2.3 浸种催芽

种子质量应符合 GB 16715.1 的要求。剔除瘪粒、破碎粒及杂质等。播种前晒种 1 d～2 d,每天翻动 2 次。晒种后,将种子置于 50 ℃～55 ℃水中,不断搅拌 15 min～20 min;之后继续常温浸种 4 h～5 h,然后清水冲洗 2 次～3 次,沥干水后,用洁净湿布包起种子放入塑料薄膜袋中保湿,在 28 ℃～30 ℃下催芽,70%以上的种子露白时应及时播种。

5.2.4 播种方法

用 50 孔穴盘育苗,春茬用小拱棚或大棚保温育苗,秋茬育苗要遮阳降温。大果型南瓜种植密度宜 300 株～400 株/亩,小果型南瓜和板栗型南瓜一般 500 株～700 株/亩,播种量应比实际定植数多 10%～15%。播种前用水淋透育苗盘的营养土,把已露白的种子一穴一粒平放或胚根朝下,覆盖约 1 cm 厚营养土,上覆地膜保湿。若田间直播,每穴 2 粒种子。

5.2.5 苗期管理

春季出苗前棚内温度保持 28 ℃～30 ℃,出苗后棚内温度 15 ℃～25 ℃。夜间气温超过 13 ℃时应保持通风状态。秋季育苗需注意降温、防雨。

视苗情可喷施氨基酸水溶肥、磷酸二氢钾等叶面肥 1 次～2 次,保持基质含水量在 60%～75%。苗期注意防治病虫鼠害。

当幼苗长到 2 叶 1 心至 3 叶 1 心时即可移栽。移栽前 3 d～5 d 要通风炼苗。

6 定植

当 10 cm 耕层地温稳定在 12 ℃以上时,选无大风的阴天或傍晚移栽。大果型南瓜和小果型南瓜在种植行上按株距 60 cm～80 cm 打种植孔,板栗型南瓜根据整枝方式不同,按株距 45 cm～75 cm 打种植孔。移栽前 1 d 育苗盘浇 1 次透水。选取长势一致、健壮无病虫害幼苗定植,使苗坨表面低于垄面 1 cm～2 cm,培土后稍压实,浇透水。

7 田间管理

7.1 农艺措施

移栽缓苗后及时查缺补苗;大田直播需在播种后及时盖上稻草等透气物保湿防雨。

整枝留瓜。打顶整枝:5 片～7 片真叶时摘除生长点,选留 2 条～4 条健壮均匀的子蔓,板栗型南瓜大多留 2 条子蔓,其余子蔓和孙蔓剪除。不打顶整枝:保留主蔓,根据侧蔓发生和坐果情况,把基部侧蔓和无效侧蔓全部剪除。大果型南瓜每条蔓留瓜 1 个～2 个,小果型和普通板栗型南瓜每条蔓留瓜 2 个～3 个,贝贝型板栗南瓜每条蔓留瓜 5 个～7 个。

压蔓:当蔓长约 80 cm 时,在离顶端约 15 cm 处挖一浅沟,把茎节埋入沟中培土压住,或用土块压蔓。

及早摘除畸形瓜,清除老叶、病叶及杂草。开花坐瓜期人工辅助授粉;用泡沫板等垫起低凹处的瓜;用草或叶子遮挡果实以防日灼。

7.2 水肥管理

缓苗后至坐果中期喷施叶面肥 1 次～2 次。缓苗后至开花前视墒情浇水 1 次,随水追施三元复合肥 10 kg/亩。果实充分膨大前不再浇水,充分膨大后至采收前浇水 1 次～2 次,每次随水追施三元复合肥 10 kg/亩。

8 病虫草鼠害防治

8.1 防治原则

坚持"预防为主、综合防治"的原则,以农业防治、物理防治、生物防治为主,化学防治为辅,推荐使用绿色防控技术。

8.2 常见虫害

主要虫害:烟粉虱等。

8.3 防治措施

8.3.1 农业防治

翻土晒田或水旱轮作;选用抗病品种,培育壮苗;合理追肥;加强水分管理,雨后及时排水,避免畦面积水,旱天及时沟灌和浇水;及时清理病死株、病叶、老叶和烂瓜。

8.3.2 物理防治

在田间均匀悬挂黄板 30 块/亩~40 块/亩,高度在植株上方 10 cm~15 cm 处,诱杀害虫;悬挂杀虫灯诱杀瓜实蝇;放置粘鼠板或鼠夹防治鼠害。

8.3.3 化学防治

农药使用应符合 NY/T 393 的要求,严格控制农药使用浓度和安全间隔期,禁止使用禁限用农药。防治方案参见附录 A。

9 采收

9.1 采收时间

嫩瓜可在授粉后约 10 d 采摘。老熟瓜一般在授粉后 35 d~50 d 采摘。

9.2 采收方法

用剪刀剪断果柄,果柄尽量短。

9.3 采后处理

采收后清洁瓜表皮,用软料或草帘垫好运输工具,操作时轻拿轻放,防止碰伤,运到阴凉通风的存放场所,按大小、外观进行归类分级堆放,便于管理和出仓销售。

9.4 包装

产品质量应符合 NY/T 747 的要求。要求瓜形端正、无病斑、无虫害和裂口、表皮无明显伤痕。包装应符合 NY/T 658 的要求。

10 生产废弃物处理

生产中摘除的幼嫩分枝可作叶菜销售,病死株、老叶、病叶、烂瓜集中深埋并放入生石灰消毒。收瓜后将植株连根拔起全部拉到指定的地点集中处理或直接还田。

地膜、农药和肥料包装瓶(袋)等废弃物,存放在指定地点,并定期交由有资质的部门或网点集中处理,不得随意弃置、掩埋或者焚烧。

11 储藏运输

应符合 NY/T 1056 的要求。运输工具和储藏场所应清洁卫生、通风散热、阴凉干燥。产品不得与有毒、有害的物品混存混运。做好防晒、防潮和防鼠措施。蜜本类型南瓜可码放为宽 2 m~3 m、高 1.5 m 的长立方形码堆,小型南瓜可放在筐中叠放,上盖草帘、毡布等,码放的瓜不宜阳光直射,但要通风透气。若储藏时间较长,应保持温度 10 ℃~15 ℃、空气相对湿度 55%~65%。

12 生产档案管理

针对绿色食品南瓜的生产过程,建立相应的生产档案。详细记录产地环境条件、生产技术、肥水管理、病虫草鼠害的发生和防治、采收和采后处理措施等,以及需注意和改进的地方。记录资料要保存 3 年以上。

附　录　A

（资料性附录）

江浙沪等地区绿色食品南瓜生产主要虫害防治方案

江浙沪等地区绿色食品南瓜生产主要虫害防治方案见表 A.1。

表 A.1　江浙沪等地区绿色食品南瓜生产主要虫害防治方案

防治对象	防治时期	农药名称	使用剂量	施药方法	安全间隔期,d
烟粉虱	发生初期	40％吡蚜酮·溴氰虫酰胺水分散粒剂	40 g/亩～60 g/亩	喷雾	14
注:农药使用以最新版本 NY/T 393 的规定为准。					

绿色食品生产操作规程

GFGC 2023A270

云贵川等地区
绿色食品肉鸡林下养殖技术规程

2023-04-25 发布

2023-05-01 实施

中国绿色食品发展中心 发布

前　　言

本规程由中国绿色食品发展中心提出并归口。

本规程起草单位：贵州省绿色食品发展中心、重庆市农产品质量安全中心、贵州省种畜禽种质测定中心、贵州省草地技术试验推广站、贵州省畜牧兽医研究所、贵州省地理标志研究会、贵州大学、黔灵山公园动物园、紫云县农业农村局、贞丰县农业农村局、遵义市农业农村局、六盘水市农业农村局、中国绿色食品发展中心、四川省绿色食品发展中心、云南省绿色食品发展中心。

本规程主要起草人：代振江、陈量、李达、梁潇、张海彬、任晓慧、张瑞、张明露、陈玲、冯萍、李俊、冯文武、付浩、唐继高、王惟惟、王维、李万贵、陈海燕、付妆、罗文斌、熊小龙、张剑勇、李发耀、刘艳辉、王艳蓉、钱琳刚、江波。

云贵川等地区绿色食品肉鸡林下养殖技术规程

1 范围

本规程规定了云贵川等地区绿色食品林下肉鸡养殖的选址与布局、放养鸡舍建造要求、品种选择、育雏期管理、林下放养技术要点、疫病防控、病死鸡及废弃物处理、检疫、出栏、运输及档案管理。

本规程适用于重庆、四川、贵州和云南省的绿色食品肉鸡林下养殖。

2 规范性引用文件

下列文件对于本文件的应用是必不可少的。凡是注日期的引用文件,仅注日期的版本适用于本文件。凡是不注日期的引用文件,其最新版本(包括所有的修改单)适用于本文件。

GB 18596　畜禽养殖业污染物排放标准

NY/T 391　绿色食品　产地环境质量

NY/T 393　绿色食品　农药使用准则

NY/T 471　绿色食品　饲料及饲料添加剂使用准则

NY/T 472　绿色食品　兽药使用准则

NY/T 473　绿色食品　畜禽卫生防疫准则

NY/T 1056　绿色食品　储藏运输准则

3 选址与布局

3.1 选址

养殖场应选择地势高燥、无污染,远离村镇和交通主干道的地方。生态、大气环境和畜禽饮用水水质应符合 NY/T 391 的要求。应选择树冠较稀疏、冠层较高具有一定遮阳条件的林地、果园等进行放养。

3.2 布局

应设生活管理区、养殖区、无害化处理区,各区之间应相互隔离。其中生活管理区应选择地势较高处,主要有办公室和生活用房;养殖区应位于无害化处理区的上风方向,包含育雏舍、放养区、兽医室、饲料库等,养殖区入口处应设置消毒设施。无害化处理区应设在地势较低处,包含粪污处理池、病死鸡无害化处理池等。选址与布局应符合 NY/T 473 的要求。

4 放养鸡舍建造要求

鸡舍应建在地势较高处,干燥避风、通风良好、防暑、防寒、保温,排水排污畅通,鸡舍建造结构牢固、坚实,方便放养鸡进出。根据实际情况可选择砖混结构、木质结构或钢制结构。

5 品种选择

选择抗病性和适应性强、耐粗饲、来源稳定、适应市场需求及适宜林下养殖的品种。引种鸡苗应经过产地检疫合格,运输过程应做好防护措施。

6 育雏期管理

6.1 育雏方式

可用网上平养、垫料平养或立体笼养进行育雏。

6.2 育雏舍要求

雏育舍使用前 1 周应充分清洁消毒,开窗通风空置 1 周后再进鸡。育雏期间,应注意为鸡舍通风换气,及时清洁,确保干燥、无异味。

6.3 温度

温度在第 1 周应保持在 35 ℃～32 ℃,根据气候情况每周降 2 ℃～3 ℃,4 周～5 周后降至 22 ℃～20 ℃,其间注意保持温度相对恒定,避免温度骤降骤升。

6.4 光照

1 d～3 d 光照时间 24 h/d,强度为 5 W/m²,4 d 后开始减少光照,直至减少到光照时间 14 h～12 h/d,光照强度 2.5 W/m²。

6.5 密度

饲养密度由第 1 d 的 35 羽/m² 左右逐渐减少至第 30 d 的 15 羽/m² 左右。

6.6 湿度

第 1 周相对湿度保持在 60%～70% 为宜,以后保持在 50%～60%。

6.7 饲喂

雏鸡入舍后 1 h～2 h 给水,水温 18 ℃～20 ℃,给水 2 h～4 h 后饲喂肉用小鸡饲料,饲喂方式为少喂多餐。育雏前 3 d,自由采食;第 4 d～7 d,每天定时定量饲喂 6 次～8 次;第 2 周,每天定时定量饲喂 6次;第 3 周～4 周,每天定时定量饲喂 4 次～5 次。每次喂料量应以全群鸡在 30 min 左右采食完为宜。饲料及添加剂符合 NY/T 471 的要求。

6.8 脱温

育雏舍温度为 21 ℃～18 ℃时脱温。

7 林下放养技术要点

7.1 放养时间

夏秋季为 30 日龄～40 日龄,冬春季为 40 日龄～60 日龄,每年 4 月—10 月为林下养殖最佳时间,11月至翌年 3 月气温较低,可采用圈养为主,林下养殖为辅的养殖方式。

7.2 放养前准备

雏鸡脱温后,应转入放养鸡舍,转群到放养鸡舍前后 3 d 应在饮水中加入电解多维。放养时应有序、缓步进行,避免刺激鸡群,产生过度应激反应,转入放养鸡舍的脱温鸡不宜立即放养,应在放养鸡舍内进行 5 d～7 d 的适应性饲养。

7.3 放养调教

放养的前 3 d,每天放养 2 h～4 h,以后逐渐增加放养时间。放养地点最初选在鸡舍周围,逐渐由近到远,可通过移动料桶,料槽的方法训练,在训练时可通过吹口哨、敲打料桶等使鸡形成条件反射。

7.4 日常管理

密切注意天气变化,遇降温降雨等不利天气要及时将鸡赶回鸡舍,秋冬季要做好鸡舍保温,定期通风换气,可利用林间放养时间清洁鸡舍,认真观察鸡群,发现异常及时治疗处理,剔除瘦弱病鸡和无饲养价值的残鸡。定期检查维护围栏,防止因破损造成鸡只外逃或野生动物入侵。

7.5 放养方式

7.5.1 分区轮放

将放养林地分隔为若干区域,每小区用围栏、尼龙网或铁丝网等隔开,高度不低于 1.8 m,每一放养小区放养同一日龄同一批次鸡。

7.5.2 间隔轮放

在某地放养一批鸡出栏后,间隔一定时间再放养第二批鸡。

7.6 放养持续时间及密度控制

每个放养地块放养持续时间以保证植被再生长为宜,一般 10 d～15 d,放养密度每亩不超过 40 羽为宜。

7.7 饮水和补饲

根据放养区域的大小,在鸡活动的范围内放置适量饮水器具和料槽,每 40 只鸡配置 1 个 10 kg 的饮水器或在舍内设置自动饮水设施。补饲每天 1 次～2 次,料草用量不应超过采食量的 1/2,应根据肉鸡的体型和日龄适当补充精饲料,饲料营养配比参见附录 A。饲料成分及添加剂使用应符合 NY/T 471 的要求。

8 疫病防控

8.1 防疫措施

严格做好动物防疫措施,树立防重于治的意识。门口设消毒池,定期更换消毒池水,外来人员不得随意进出生产区,工作人员要求身体健康,无人畜共患病。每周对舍内外环境、消毒 1 次,每一批鸡出栏后,对鸡舍内外环境和用具等设备彻底清洗,对放养场地进行清理消毒,清洁与消毒及各项兽医防疫应符合 NY/T 472、NY/T 473 的要求。

8.2 疫病监测

按照《中华人民共和国动物防疫法》及国家、省有关疫情监测计划的规定,饲养场应配合动物疫病预防控制部门做好疫病监测工作,结合当地疫病流行情况,切实制订并实施科学的疫病监测方案,及时将监测结果报告当地动物疫病预防控制部门。

8.3 用药要求

兽药使用应符合 NY/T 472 的要求,根据临床和实验室诊断结果,选用高效、低残留兽药,对消毒剂、驱虫剂等药物应定期轮换用药。应按说明书规定药物剂量、给药方式和疗程用药,并严格遵守休药期规定。兽药使用方案参见附录 B。

8.4 免疫接种

根据当地疫病发生种类、流行特点进行免疫,并定期进行免疫抗体监测,保证抗体水平达到农业农村部门相关规定。免疫参考程序参见附录 C。

9 病死鸡及废弃物处理

按照减量化、无害化、资源化、生态化的处理原则,实现种植、养殖、利用相结合,对病死鸡的处理,可采用防渗坑掩埋,也可由专业机构统一处理;对垫料和粪便等废弃物可用高温堆肥的方法进行处理。处理过程符合 NY/T 473 绿色食品畜禽卫生防疫准则。病死鸡无害化处理应符合《病死及病害动物无害化处理技术规范》的有关规定,污水、粪便排放符合 GB 18596 的有关要求。

10 检疫

出售前应做产地检疫,检疫合格方可出售。

11 出栏

根据不同品种,达到出栏条件后应尽快出栏,实现全进全出,降低交叉感染风险。

12 运输

运输设备应洁净、无污染物。运输车辆在装运前和卸货后都要进行彻底清洁、消毒,所用清洁、消毒剂应符合 NY/T 472、NY/T 393 的要求,运输过程应符合 NY/T 1056 的要求。

13 档案管理

养殖场应建立养殖档案,档案信息包含饲养全过程。包括进雏日期、数量、来源、饲养员,每日的生产记录包括日期、日龄、死亡数、死亡原因、无害化处理情况、养殖数,环境条件(温度、湿度)、免疫、消毒、用药、鸡群健康状况、喂料量等。所有记录至少保存 3 年。

附　录　A

（资料性附录）

肉鸡林下养殖推荐饲料营养配比

肉鸡林下养殖推荐饲料营养配比见表 A.1。

表 A.1　肉鸡林下养殖推荐饲料营养配比

营养指标	单位	0 周龄～4 周龄	5 周龄～8 周龄	＞8 周龄
代谢能	MJ/kg(Mcal/kg)	12.12(2.90)	12.54(3.00)	12.96(3.10)
粗蛋白质	％	21	19	16
蛋白能量比	g/MJ(g/Mcal)	17.33(72.41)	15.15(63..3)	12.34(51.61)
赖氨酸能量比	g/MJ(g/Mcal)	0.87(3.62)	0.78(3.27)	0.66(2.74)
赖氨酸	％	1.05	0.98	0.85
蛋氨酸	％	0.46	0.4	0.34
蛋氨酸＋胱氨酸	％	0.85	0.72	0.65
苏氨酸	％	0.76	0.74	0.68
色氨酸	％	0.19	0.18	0.16
精氨酸	％	1.19	1.1	1
亮氨酸	％	1.15	1.09	0.93
异亮氨酸	％	0.76	0.73	0.62
苯丙氨酸	％	0.69	0.65	0.56
苯丙氨酸＋酪氨酸	％	1.28	1.22	1
组氨酸	％	0.33	0.32	0.27
脯氨酸	％	0.57	0.55	0.46
缬氨酸	％	0.86	0.82	0.7
甘氨酸＋丝氨酸	％	1.19	1.14	0,97
钙	％	1	0.9	0.8
总磷	％	0.68	0.65	0.6
非植酸磷	％	0.45	0.4	0.35
钠	％	0.15	0.15	0.15
氯	％	0.15	0.15	0.15
铁	mg/kg	80	80	80
铜	mg/kg	8	8	8
锰	mg/kg	80	80	80
锌	mg/kg	60	60	60
碘	mg/kg	0.35	0.35	0.35

（续）

营养指标	单位	0 周龄～4 周龄	5 周龄～8 周龄	＞8 周龄
硒	mg/kg	0.15	0.15	0.15
亚油酸	％	1	1	1
维生素 A	lU/kg	5 000	5 000	5 000
维生素 D	lU/kg	1 000	1 000	1 000
维生素 E	lU/kg	10	10	10
维生素 K	mg/kg	0.5	0.5	0.5
硫胺素	mg/kg	1.8	1.8	1.8
核黄素	mg/kg	3.6	3.6	3
泛酸	mg/kg	10	10	10
烟酸	mg/kg	35	30	25
吡哆醇	mg/kg	3.5	3.5	3
生物素	mg/kg	0.15	0.15	0.15
叶酸	mg/kg	0.55	0.55	0.55
维生素 B_{12}	mg/kg	0.01	0.01	0.01
胆碱	mg/kg	1 000	750	500

附　录　B

（资料性附录）

肉鸡林下养殖推荐兽药使用方案

肉鸡林下养殖推荐兽药使用方案见表 B.1。

表 B.1　肉鸡林下养殖推荐兽药使用方案

兽药种类	药物名称	常见剂型	使用方法	使用剂量	休药期,d
β-内酰胺类	阿莫西林	可溶性粉	混饮	50 mg/L	7
			混饲	200 mg～500 mg/kg,连用 3 d～5 d	
氨基糖苷类	新霉素	可溶性粉、散剂	混饮	40 mg～70 mg/L,连用 3 d～5 d	5
			混饲	50 mg～200 mg/kg	
	大观霉素	可溶性粉	混饮	500 mg～1 000 mg/L,连用 3 d～5 d	5
大环内酯类	红霉素	可溶性粉	混饮	125 mg/L,连用 3 d～5 d	3
酰胺醇类	氟苯尼考	散剂	内服	20 mg～30 mg/kg 体重,2 次/d,连用 3 d～5 d	5
林可胺类	林可霉素	可溶性粉、散剂	混饮	200 mg～300 mg/L,连用 3 d～5 d	5
			混饲	30 mg～50 mg/kg,连用 3 d～5 d	
多肽类	多黏菌素	散剂 片剂	内服	3 万～8 万 IU/kg 体重,1 次/d～2 次/d	7

注:用药要求以最新版本 NY/T 472 的规定为准。

附　录　C

（资料性附录）

肉鸡林下养殖免疫参考程序

肉鸡林下养殖免疫参考程序见表 C.1。

表 C.1　肉鸡林下养殖免疫参考程序

日龄,d	疫苗种类	接种剂量	接种方法	备注
4～6	球虫疫苗	1 羽份	饮水/拌料	预防鸡球虫病
10～13	新支二联疫苗	1.2 羽份	滴鼻点眼	预防鸡新城疫和鸡传染性支气管炎
	新流二联(ND＋H9)疫苗 禽流感二联(H5＋H7)疫苗	ND＋H9：H5＋H7 1：1,0.5 mL/羽	皮下注射	预防鸡新城疫、禽流感 (H9、H5、H7 亚型)
23	鸡痘疫苗	1 羽份	刺种	预防鸡痘
	新流二联(ND＋H9)疫苗 禽流感二联(H5＋H7)疫苗	ND＋H9：H5＋H7 1：1,0.6 mL/羽	皮下注射	预防鸡新城疫、禽流感 (H9、H5、H7 亚型)

注:此参考程序主要针对一般发病区的林下鸡养殖场参考使用,各地区可根据当地情况进行免疫接种;使用疫苗时务必按照疫苗说明书的要求使用。

绿色食品生产操作规程

GFGC 2023A271

云贵川等地区
绿色食品肉鸭林下养殖技术规程

2023-04-25 发布

2023-05-01 实施

中国绿色食品发展中心 发布

前　言

本规程由中国绿色食品发展中心提出并归口。

本规程起草单位:贵州省绿色食品发展中心、贵州省种畜禽种质测定中心、贵州省草地技术试验推广站、贵州省畜牧兽医研究所、贵州省地理标志研究会、贵州大学、黔灵山公园动物园、紫云县农业农村局、贞丰县农业农村局、遵义市农业农村局、六盘水市农业农村局、中国绿色食品发展中心、四川省绿色食品发展中心、云南省绿色食品发展中心、重庆市农产品质量安全中心。

本规程主要起草人:代振江、李俊、陈量、梁潇、任晓慧、张瑞、张明露、陈玲、冯萍、冯文武、付浩、李达、唐继高、王惟惟、王维、李万贵、陈海燕、付妆、罗文斌、熊小龙、张剑勇、李发耀、刘艳辉、王艳蓉、钱琳刚、江波、张海彬。

云贵川等地区绿色食品肉鸭林下养殖技术规程

1 范围

本规程规定了云贵川等地区绿色食品肉鸭林下养殖的环境与选址、布局与设施、品种选择、养殖模式、雏鸭饲养管理、育成期放养管理、疫病防控、出栏及运输、废弃物处理、档案管理。

本规程适用于重庆、四川、贵州和云南省的绿色食品肉鸭林下养殖。

2 规范性引用文件

下列文件对于本文件的应用是必不可少的。凡是注日期的引用文件,仅注日期的版本适用于本文件。凡是不注日期的引用文件,其最新版本(包括所有的修改单)适用于本文件。

GB 18596　畜禽养殖业污染物排放标准

NY/T 388　畜禽场环境质量标准

NY/T 391　绿色食品　产地环境质量

NY/T 393　绿色食品　农药使用准则

NY/T 471　绿色食品　饲料及饲料添加剂使用准则

NY/T 472　绿色食品　兽药使用准则

NY/T 473　绿色食品　畜禽卫生防疫准则

NY/T 1056　绿色食品　储藏运输准则

NY/T 1167　畜禽场环境质量及卫生控制规范

3 环境与选址

3.1 环境

鸭场环境应符合 NY/T 388 的要求;放养区生态环境应符合 NY/T 391 的要求。放养地宜选择林地、果园等地方,生态环境维护及卫生控制措施应符合 NY/T 1167、NY/T 473 的要求。

3.2 选址

鸭场选址应符合《中华人民共和国畜牧法》和《动物防疫条件审查办法》的规定。

4 布局与设施

4.1 布局

鸭场应设立生活管理区、生产区和处理区,生活区在生产区的上风向或侧风向处,粪污和病死鸭处理区在生产区的下风向或侧风向处。鸭场净道和污道分离,舍区及放养场地入口应有人员和车辆消毒通道。育雏鸭舍应安装采暖设施,做到保暖通风;商品鸭舍应建在地势较高能防雨、遮阳、避风、保暖的区域。

4.2 设施设备

鸭场应配备有供暖、饮水、喂料、采光、通风、消毒及粪污处理等设施设备。

5 品种选择

应选择适应性强、抗逆性强、牧饲性好以及适宜林下养殖和市场需求的品种。雏鸭应从有《种畜禽生产经营许可证》和《动物防疫条件合格证》的种鸭场或孵化场引入,且需经过产地检疫。

6 养殖模式

育雏期采用立体笼养、网上平养、肉鸭旱养等模式,脱温后采用林下放养方式。

7 雏鸭饲养管理

7.1 育雏方式

采用网上或地面育雏。

7.2 育雏条件

7.2.1 温度

第 1 周温度控制在 28 ℃～32 ℃，以后每周下降 2 ℃～3 ℃，降至 20 ℃时逐步脱温。

7.2.2 湿度

第 1 周的相对湿度为 60％～70％，之后降低为 55％～65％，3 周龄后保持在 55％。

7.2.3 光照

第 1 周每天光照 23 h～24 h，以后逐渐减少，光照强度控制在 3 W/m²～4 W/m²，至 4 周时采用自然光照。

7.2.4 通风

鸭舍要求通风良好，氨气、二氧化碳、硫化氢等空气质量指标须符合 NY/T 388 的要求。

7.2.5 密度

1 周龄每平方米 30 只～35 只，2 周龄每平方米 25 只～30 只，3 周龄每平方米 20 只～25 只，4 周龄每平方米 10 只～15 只。

7.2.6 开饮开食

雏鸭到鸭场后用温开水开饮，温开水中加入电解多维或 2％～5％葡萄糖，确保雏鸭饮足水后再开食。

7.2.7 饲喂

育雏期饲喂全价饲料，饲料应符合 NY/T 471 的要求。2 周龄内，白天喂 6 次～7 次，夜间应加喂 2 次～3 次，3 周龄后每天喂 4 次，每次间隔 3 h 左右。营养需要推荐参见附录 A。

8 育成期放养管理

8.1 转群

转群前清洗消毒鸭舍，转群时间宜选择在晚上且保持商品鸭空腹，转群后的前 3 d 应在饮水中加入电解质多维。

8.2 换料

要逐步增加新换饲料的比例，3 d～5 d 完成换料。第 1 d 在雏鸭料里混入 30％的育成鸭料，第 2 d 将育成鸭料的比例增加到 60％，第 3 d 将育成鸭料的比例增加到 80％，从第 4 d 起全部饲喂育成鸭料。育成期饲料的蛋白质含量一般为 16％左右，饲料符合 NY/T 471 的要求。

8.3 饲喂

放养鸭早晚各补料 1 次，若野外资源丰富可每天补料 1 次，遇下雨、刮风等放养时间少，需临时增加补料次数。

8.4 放养日龄

宜在 20 日龄～30 日龄进行林下放养，具体可根据季节、天气以及放牧场环境条件适当调整。

8.5 密度

果园、林地放养密度为每亩 30 只～40 只。

8.6 放养方式

8.6.1 当放养地的植被覆盖面＜40％时，适时更换场地，实行分区轮牧。

8.6.2 同一林地第一批鸭出栏后，至少间隔 3 个月再放养第二批鸭，实行间隔轮牧。

8.7 放养地管护

放养过程中,根据放养肉鸭数量和放养地植被情况合理进行分区轮牧和间隔轮放。放养场地周围应设 1 m 以上的围栏,防止其他野生动物入侵。

9 疫病防控

9.1 消毒

鸭舍进雏前应进行彻底清扫、洗刷、消毒,并至少空置 5 d 以上,饲养期每周带鸭消毒 2 次以上,饮水器和料槽应每个饲养期要洗刷、消毒 1 次～2 次。饲养人员每次进入生产区要更衣、换鞋、消毒。场区、道路及鸭舍周围环境每周消毒 1 次,消毒池中的消毒液每周更换 1 次。卫生防疫应符合 NY/T 473 的要求。消毒剂应符合 NY/T 393 和 NY/T 472 的要求。

9.2 免疫

肉鸭 1 日龄～3 日龄接种鸭病毒性肝炎疫苗,5 日龄～7 日龄接种禽流感疫苗,15 日龄～20 日龄接种鸭瘟疫苗,可根据当地鸭疫病流行情况适当调整免疫程序。免疫的方法可分注射、饮水、滴鼻滴眼、气雾和穿刺法,可根据疫苗的种类、日龄、健康状况选择最适当的方法,疫苗的使用应符合 NY/T 472 的要求。免疫参考程序参见附录 B。

9.3 用药

兽药的使用符合 NY/T 472 的要求,应严格实施休药期。所用兽药必须来自具有《兽药生产许可证》和产品批准文号的生产企业,或者具有《进口兽药许可证》和《兽药经营许可证》的供应商。所用兽药的标签应符合《兽药管理条例》的要求。常用抗菌药及休药期参见附录 C。

10 出栏及运输

出栏前要禁食 4 h～5 h,出栏时间不少于 40 日龄,符合《动物检疫管理办法》的要求。运输车辆及设备应洁净、无污染,符合 NY/T 1056 的要求。

11 废弃物处理

病死鸭无害化处理应符合《病死及病害动物无害化处理技术规范》的有关规定,污水、粪便排放符合 GB 18596 的要求。

12 档案管理

按照《畜禽标识和养殖档案管理办法》的规定建立进雏、饲料、用药、免疫等养殖档案,档案记录保存 3 年以上。

附　录　A

（资料性附录）

肉鸭各阶段营养需要推荐

肉鸭各阶段营养需要推荐见表 A.1。

表 A.1　肉鸭各阶段营养需要推荐

营养指标单位	日　龄			
	0～14	15～35	36 日龄至出栏	
			自由采食	人工填饲
代谢能，MJ/kg	11.93～12.14	11.93～12.14	12.35～12.56	12.56～12.76
粗蛋白，%	20.00～22.00	16.50～17.50	15.00～16.00	13.00～14.00
赖氨酸，%	1.10	0.85	0.65	0.60
蛋氨酸，%	0.45	0.40	0.35	0.30
胱氨酸，%	0.35	0.30	0.25	0.25
钙，%	0.90	0.85	0.9	0.90
有效磷，%	0.45	0.40	0.35	0.35
钠，%	0.15	0.15	0.15	0.15
维生素 A，IU/kg	4 000	3 000	2 500	2 500
维生素 D_3，IU/kg	2 000	2 000	2 000	2 000
维生素 B_1，mg/kg	2.0	1.5	1.5	1.5
维生素 B_2，mg/kg	10	10	10	10
烟酸，mg/kg	50	50	50	50
泛酸，mg/kg	20	10	10	10
吡哆醇，mg/kg	4.0	3.0	3.0	3.0
胆碱，mg/kg	1 000	1 000	1 000	1 000
锰，mg/kg	100	100	100	100
锌，mg/kg	60	60	60	60
铁，mg/kg	60	60	60	60
铜，mg/kg	8	8	8	8
碘，mg/kg	0.3	0.3	0.2	0.2
硒，mg/kg	0.3	0.3	0.2	0.2

附 录 B

（资料性附录）

肉鸭林下养殖免疫参考程序

肉鸭林下养殖免疫参考程序见表 B.1。

表 B.1 肉鸭林下养殖免疫参考程序

免疫时间	疫苗种类	接种方法
1 日龄～3 日龄	鸭病毒性肝炎疫苗	肌肉注射
7 日龄	传染性浆膜炎＋大肠杆菌二联苗	颈部皮下注射
10 日龄	鸭瘟疫苗	肌肉注射
14 日龄	禽流感疫苗	颈部皮下注射

附　录　C

（资料性附录）

肉鸭林下养殖常用抗菌药及休药期

肉鸭林下养殖常用抗菌药及休药期见表 C.1。

表 C.1　肉鸭林下养殖常用抗菌药及休药期

兽药种类	药物名称	常见剂型	使用方法	使用剂量	休药期，d
β-内酰胺类	阿莫西林	可溶性粉	混饮	50 mg/L	7
			混饲	200 mg/kg～500 mg/kg，连用 3 d～5 d	
氨基糖苷类	大观霉素	可溶性粉	混饮	500 mg/L～1 000 mg/L，连用 3 d～5 d	5
大环内酯类	红霉素	可溶性粉	混饮	125 mg/L，连用 3 d～5 d	3
酰胺醇类	氟苯尼考	散剂	内服	20 mg/kg～30 mg/kg 体重，2 次/d，连用 3 d～5 d	5
林可胺类	林可霉素	可溶性粉、散剂	混饮	200 mg/L～300 mg/L，连用 3 d～5 d	5
			混饲	30 mg/kg～50 mg/kg，连用 3 d～5 d	
注：兽药使用以最新版本 NY/T 472 的规定为准。					

绿色食品生产操作规程

GFGC 2023A272

江浙沪等地区
绿色食品小龙虾池塘精养技术规程

2023-04-25发布

2023-05-01实施

中国绿色食品发展中心 发布

前　　言

本规程由中国绿色食品发展中心提出并归口。

本规程起草单位：湖北省农业科学院农业质量标准与检测技术研究所、中国绿色食品发展中心、湖北省绿色食品管理办公室、湖北省农业广播电视学校、华中农业大学、潜江市绿色食品管理办公室、荆州市农业技术推广中心、松滋市农业农村科技服务中心、黄冈市团风县农业农村局、浙江省水产技术推广总站、上海市农产品质量安全中心、安徽省合肥市畜牧水产技术推广中心、岳阳市农业农村事务中心、六安市农产品质量安全监测中心、江西省农业技术推广中心、江苏省绿色食品办公室、湖北省阳新县生态能源服务中心、武汉市华测检测技术有限公司。

本规程主要起草人：赵明明、李静、张隽娴、孙继成、刘亚琴、彭西甜、周有祥、彭立军、唐伟、陈鑫、郑丹、严伟、吴凡、周先竹、邓士雄、陈飞、王晓燕、胡军安、黄韵雪、杨远通、刘颖、杨佳、廖显珍、陈永芳、赵丹、沈熙、王皓瑀、李慧、罗时勇、顾泽茂、周凡、陈艳芬、荣朝振、陈戈、代旭光、熊晓晖、陈新宝、李圆圆。

江浙沪等地区绿色食品小龙虾池塘精养技术规程

1 范围

本规程规定了江浙沪等地区绿色食品小龙虾(克氏原螯虾，*Procambarus clarkii*)池塘精养的养殖产地环境、养殖池塘条件、养殖水质管理、苗种放养、饲养管理、养殖尾水排放及生产废弃物无害化处理、收捕、包装、运输和储存、病害防治、日常管理等各个环节应遵循的准则和要求。

本规程适用于上海、江苏、浙江、安徽、江西、湖北、湖南的绿色食品小龙虾池塘精养。

2 规范性引用文件

下列文件对于本文件的应用是必不可少的。凡是注日期的引用文件，仅注日期的版本适用于本文件。凡是不注日期的引用文件，其最新版本(包括所有的修改单)适用于本文件。

GB 11607　渔业水质标准

GB 31650　食品安全国家标准　食品中兽药最大残留限量

NY/T 391　绿色食品　产地环境质量

NY/T 394　绿色食品　肥料使用准则

NY/T 471　绿色食品　饲料及饲料添加剂使用准则

NY/T 658　绿色食品　包装通用准则

NY/T 755　绿色食品　渔药使用准则

NY/T 840　绿色食品　虾

NY/T 1056　绿色食品　储藏运输准则

NY/T 3204　农产品质量安全追溯操作规程　水产品

NY/T 3616　水产养殖场建设规范

SC/T 1066　罗氏沼虾配合饲料

SC/T 1144　克氏原螯虾

SC/T 1137　淡水养殖水质调节用微生物制剂质量与使用原则

SC/T 8139　渔船设施卫生基本条件

SC/T 9101　淡水池塘养殖水排放要求

农业部〔2003〕第 31 号令 水产养殖质量安全管理规定

农医发〔2017〕25 号　病死及病害动物无害化处理技术规范

3 养殖产地环境

3.1 养殖产地

产地环境应符合 NY/T 391 的要求，并在当地养殖水域滩涂规划的养殖区或限制养殖区内。选择生态环境良好、无噪声、无污染的地区，靠近水源、水量充足、水质良好、排灌方便、土壤保水性能好，并且道路通畅、供电便利的地方开挖池塘。河沟、池塘、低洼、滩涂加以改造均可养殖。

3.2 养殖水源

应符合 GB 11607、NY/T 391、NY/T 3616 的要求。周边无对养殖环境造成威胁的污染源，水质清新，透明度 25 cm～40 cm，pH6.5～9.0，溶氧量≥5 mg/L。

4 养殖池塘条件

4.1 池塘

4.1.1 池塘结构

长方形,南北走向为宜,面积 5 亩～20 亩,池深 2.0 m～2.5 m。宜为壤土、黏土等相对松软的土质,池底平坦。

4.1.2 池埂

池埂宽 2.0 m～3.0 m,坡比为 1∶(1.2～1.5),池埂高出水面 30 cm～50 cm,池埂内侧留出宽 0.8 m～1 m 的平台。

4.2 尾水处理池

采用循环用水方式,池塘的水排出后,应先进入尾水处理池,经净化处理符合 GB 11607 的要求后,再进入池塘。不采用循环用水方式的,经处理符合 SC/T 9101 要求后直接排放。

4.3 池塘设施

4.3.1 进排水设施

在池塘两端分设进水闸和排水闸,排水渠的宽度应大于进水渠,排水渠底应低于各相应养殖池排水闸底 30 cm 以上,水闸数量、宽度根据实际情况确定,闸孔、闸槽、闸板、闸框设计以方便控制水位、调节水质、放水收虾、阻拦敌害为宜。

4.3.2 防逃逸设施

沿池埂四周距水位线 1 m 处,搭建防逃网,用木桩作支架,桩间距为 2 m 左右,防逃网高出地面 50 cm,埋入地下 20 cm,封严。在防逃墙内侧上沿,缝制一条宽度 15 cm 左右的加厚塑料薄膜,防止小龙虾攀越逃逸。

5 养殖水质管理

5.1 干塘清淤

排干池水,对池塘进行修整,清除过多的淤泥,保留淤泥不超过 15 cm,加高、加宽并夯实池埂,修补池坡缺口,平整池底,改善通气条件,并进行阳光暴晒。干塘清淤至少每年进行 1 次。

5.2 发塘

在晒塘过程中,施用基肥培养基础生物饵料,以有机肥为主,所占比例不得低于 50%,以池水透明度保持在 30 cm～40 cm 深度为准。旋耕池底 2 遍～3 遍,让底泥与肥料充分混合,使肥力均匀释放。肥料使用符合 NY/T 394 的要求。

5.3 清塘消毒

苗种放养前,清塘消毒。常用清塘药物及方法见表1,药物的使用应符合 NY/T 755 要求。

表 1 常用清塘药物及方法表

药物名称	清塘方法	使用剂量 kg/亩	施药方法	休药期,d
茶粕	带水清塘	35～40	排除部分水,留水深1m,将茶粕碾碎浸泡1d,茶粕溶液搅拌均匀后全池遍洒	—
含氯石灰 (有效氯≥30%)	干法清塘	5～15	将池水排干或排到水深6 cm～10 cm,将含氯石灰化水,全池遍洒	4～5
	带水清塘	15～20	排除部分水,留水深1 m,将含氯石灰溶化后稀释,全池遍洒	

5.4 水草种植

11月至翌年2月期间,在池塘中栽培轮叶黑藻、伊乐藻等水草,行距8 m~10 m、株距6 m~8 m。

5.5 微生物制剂的使用

参照SC/T 1137标准使用微生物制剂。在水温25 ℃以上,选择晴朗天气,定期施用光合细菌、枯草芽孢杆菌等微生物,施用微生物后要注意增加溶氧,微生物须在用药3 d~4 d后方能使用。定期添加碳源(葡萄糖、糖蜜等)调节水体碳氮比。

6 苗种放养

6.1 苗种准备

6.1.1 苗种质量

苗种质量应满足SC/T 1144要求。优先选用源于本地具有水产苗种生产许可证的苗种场、养殖场生产的苗种,经检疫合格。其余应符合NY/T 840的要求。

6.1.2 苗种规格

体长0.7 cm~4.0 cm的苗种,体色淡青、体表干净、体质健壮、附肢健全、活动力强,规格整齐。

6.1.3 苗种运输

选择专用运输筐,筐底用水草或潮湿的毛巾铺垫,7 kg/筐~8 kg/筐,不挤压,运输过程中保持通风、湿润、避光,运输时间不宜超过2 h。

6.2 池塘进水

6.2.1 进水

清塘和消毒7 d后,注水,在进水口安装60目~80目纱网过滤,防止野生杂鱼鱼卵及敌害生物进入到塘中。养殖春季水深在0.3 m~0.6 m,夏季高温时加高水位至1.0 m~1.2 m。

6.2.2 试水

水体准备好后进行试苗,在池塘的1个小苗箱中放入少量的虾苗,24 h后,观察虾苗成活率,达90%以上方可放养。

6.3 养殖模式及放养方式

6.3.1 养殖模式

根据NY/T 840的要求,养殖模式应采用健康养殖、生态养殖方式,按农业部2003第31号令的规定执行。

6.3.2 放养方式

6.3.2.1 放养规格及放养量

同一池塘中的苗种要保证规格统一。体长0.7 cm~1.0 cm的苗种,投放密度8 000尾/亩~10 000尾/亩;体长1.0 cm~4.0 cm的苗种,投放密度6 000尾/亩~8 000尾/亩。可多次放养,达到成虾规格后陆续捕捞上市,并补充投放。

6.3.2.2 放养方法

投放应在晴天早晨、傍晚或阴天进行,避免阳光直射。快速、均匀全池投放。放养前,用20 mg/L浓度的高锰酸钾或聚维酮碘溶液浸浴消毒3 min~15 min。将苗种慢慢放入水中或直接放在水草上或水边缓坡处,让其自动爬入水中。

7 饲养管理

7.1 饲料投喂

7.1.1 饲料

饲料质量要求应符合SC/T 1066和NY/T 471的要求,优先采用小龙虾绿色食品生产资料配合饲料,饲料粗蛋白质含量28%~32%。

7.1.2 投喂方法

定时、定质、定量,全池均匀投洒。

日投喂量:根据季节、天气、水质及小龙虾生长周期和活动摄食情况作适当调整。日投饲量一般为成虾总体重的4%～6%、幼虾总体重的2%～3%。

日投喂次数:日投喂两次,上午、傍晚各投喂1次,上午在7:00—9:00、下午在17:00—18:00,下午投喂量占70%。

7.2 水质管理

7.2.1 水质检测

定时测量水温、溶解氧、pH、透明度、氨氮、亚硝酸盐、总碱度、总硬度等指标,可采用便携式水质分析仪测定。

7.2.2 水体改良

虾池水质要求清新、含氧量高,不受污染。定期添加新水,保持深度,维持透明度、含氧量。根据水质情况,泼洒微生物制剂,改善水质;间隔5 d～7 d,使用底质改良剂进行改底。

7.3 水草管理

池塘中水草的覆盖面一般占总水面的50%～60%。如果覆盖面过大,应适当清理,如不足则立即补充。

7.4 巡塘

每天早、晚各巡塘1次,观察小龙虾的吃食情况、水色及水草生长情况、防逃设施是否破损、有无敌害生物侵入等,出现问题后根据情况及时解决。每10 d～15 d测量一次小龙虾体长或体重,制定和调整下一步管理措施。

8 病害防治

8.1 防治原则

坚持"无病先防、有病早治、全面预防、积极治疗"的原则,预防类药物使用应符合NY/T 755的要求。

8.2 预防措施

严格检疫,杜绝病原从亲虾或苗种带入,投放健壮苗种或经消毒处理的苗种;对水体、食场、渔具等消毒;运输过程中避免擦伤,合理控制放养密度,科学投喂。

8.3 常见病的治疗

小龙虾疾病治疗用化学药物使用要求和推荐用药应符合NY/T 755的要求,防治方案参见附录A。

9 养殖尾水排放及生产废弃物无害化处理

池塘排放养殖水水质应符合SC/T 9101淡水池塘养殖水排放要求。及时清理池塘中的多余和枯死的水草,集中进行无害化处理或资源化利用,保持池塘清洁。病死虾按农医发〔2017〕25号的规定执行,一般做深埋处理;发病虾池的水体应严格消毒后排放。农业投入品的包装废弃物应收集,交由有资质的部门或网点集中处理。

10 收捕、包装、运输和储藏

10.1 收捕

收捕应根据养殖状况、市场需求、季节温度等灵活掌握,可采取撒网、笼捕、干塘捕捉等方法收捕售卖。以"捕成留幼、轮捕轮放"为原则,不满足上市规格的小龙虾需留池继续饲养,一边捕捞一边补充投放幼虾,补充量是捕捞量的1/10～1/5。

10.2 包装

按NY/T 658和NY/T 840的规定执行,活虾包装应有充氧和保活设施。

10.3 运输和储藏

基本要求应符合NY/T 1056和NY/T 840的要求。渔船应符合SC/T 8139的有关要求。暂养和运输水应符合NY/T 391的要求。

11 生产档案管理

按农业部〔2003〕第 31 号令的规定建立养殖池塘档案,做好全程养殖生产的各项记录。

应建立详细的绿色食品小龙虾生产档案,明确产地环境条件、苗种放养、饲料投喂、日常管理、防病治病、养殖产量等各环节的记录,应符合 NY/T 3204 中要求。记录在产品上市后保存不少于 3 年,作为产品质量追溯的依据。

附　录　A
（资料性附录）
江浙沪等地区绿色食品小龙虾池塘精养主要病害防治方案

江浙沪等地区绿色食品小龙虾池塘精养主要病害防治方案见表 A.1。

表 A.1　江浙沪等地区绿色食品小龙虾池塘精养主要病害防治方案

防治对象	药物名称	使用剂量	用药方法	休药期
纤毛虫病	硫酸锌三氯异氰脲酸粉（水产用）	0.3 g/m^3	全池遍洒	—
	硫酸锌粉（水产用）	$0.75 \text{ g/m}^3 \sim 1 \text{ g/m}^3$（病情严重时可连用 1 次～2 次）	全池遍洒	—
	食盐	3‰～5‰（3 d～5 d 为 1 个疗程）	浸浴	—
甲壳溃烂病	含氯石灰（水产用）	$1.0 \text{ g/m}^3 \sim 1.5 \text{ g/m}^3$（一日 1 次,连用 1 次～2 次）	用水稀释 1 000 倍～3 000 倍后全池遍洒	—
	茶粕	$15 \text{ mg/L} \sim 20 \text{ mg/L}$	全池遍洒	—
烂鳃病	次氯酸钠溶液（水产用）	$1 \text{ mL/m}^3 \sim 1.5 \text{ mL/m}^3$（每 2 d～3 d 一次,连用 2 次～3 次）	稀释 300 倍～500 倍后全池遍洒	—
	含氯石灰（水产用）	$1.0 \text{ g/m}^3 \sim 1.5 \text{ g/m}^3$（一日 1 次,连用 1 次～2 次）	用水稀释 1 000 倍～3 000 倍后全池遍洒	—
	聚维酮碘溶液（水产用）	$4.5 \text{ mL/m}^3 \sim 7.5 \text{ mL/m}^3$（隔日 1 次,连用 2 次～3 次）	稀释 300 倍～500 倍后全池遍洒	500 度日[a]
白斑病	聚维酮碘溶液（水产用）	$4.5 \text{ mL/m}^3 \sim 7.5 \text{ mL/m}^3$（隔日 1 次,连用 2 次～3 次）	稀释 300 倍～500 倍后全池遍洒	500 度日
	二氧化氯	$0.2 \text{ mg/L} \sim 0.5 \text{ mg/L}$	全池遍洒	—
烂尾病	茶粕	$15 \text{ mg/L} \sim 20 \text{ mg/L}$	全池遍洒	—
肠炎病	次氯酸钠溶液（水产用）	$1 \text{ mL/m}^3 \sim 1.5 \text{ mL/m}^3$（每 2 d～3 d 1 次,连用 2 次～3 次）	稀释 300 倍～500 倍后全池遍洒	—
	含氯石灰（水产用）	$1.0 \text{ g/m}^3 \sim 1.5 \text{ g/m}^3$（一日 1 次,连用 1 次～2 次）	用水稀释 1 000 倍～3 000 倍后全池遍洒	—
	聚维酮碘溶液（水产用）	$4.5 \text{ mL/m}^3 \sim 7.5 \text{ mL/m}^3$（隔日 1 次,连用 2 次～3 次）	稀释 300 倍～500 倍后全池遍洒	500 度日

注:渔药使用以最新版本 GB 31650 和 NY/T 755 的规定为准。

a　"度日"是指水温与停药天数乘积。休药期 500 度日指当水温 25 ℃,至少需停药 20 d,10 ℃的情况下停药期至少需要 50 d。

绿 色 食 品 生 产 操 作 规 程

GFGC 2023A273

江 浙 沪 等 地 区
绿色食品小龙虾稻田养殖技术规程

2023-04-25 发布

2023-05-01 实施

中国绿色食品发展中心 发布

前　言

本规程由中国绿色食品发展中心提出并归口。

本规程起草单位:湖北省农业科学院农业质量标准与检测技术研究所、中国绿色食品发展中心、湖北省绿色食品管理办公室、湖北省农业广播电视学校、潜江市绿色食品管理办公室、华中农业大学、武汉市农业科学院蔬菜科学研究所、湖北省农业科学院经济作物研究所、荆州市农业技术推广中心、松滋市农业农村科技服务中心、黄冈市团风县农业农村局、六安市农产品质量安全监测中心、浙江省水产技术推广总站、上海市农产品质量安全中心、湘阴县农业农村局、江苏省绿色食品办公室、江西省农业技术推广中心、湖北省阳新县生态能源服务中心。

本规程主要起草人:陈鑫、朱坤淼、刘军、刘骞、吕昂、宋晓、孙继成、刘亚琴、赵明明、彭西甜、吴凡、郑丹、严伟、周有祥、彭立军、程运斌、沈菁、胡西洲、夏珍珍、邓士雄、陈飞、王晓燕、李峰、周先竹、胡军安、黄韵雪、杨远通、罗时勇、顾泽茂、柯卫东、吴金平、代旭光、周凡、陈艳芬、任艳芳、黄宜荣、杜志明、廖显珍、陈永芳、刘颖、沈熙、王皓瑀、赵丹、陈新宝。

江浙沪等地区绿色食品小龙虾稻田养殖技术规程

1 范围

本规程规定了江浙沪等地区绿色食品小龙虾（克氏原螯虾，*Procambarus clarkii*）稻田养殖的环境条件、田间工程、水稻种植、小龙虾养殖、小龙虾包装、运输和储藏、生产废弃物处理、生产档案管理等各个环节应遵循的准则和要求。

本规程适用于上海、江苏、浙江、安徽、江西、湖北、湖南的绿色食品小龙虾的生产。

2 规范性引用文件

下列文件对于本文件的应用是必不可少的。凡是注日期的引用文件，仅注日期的版本适用于本文件。凡是不注日期的引用文件，其最新版本（包括所有的修改单）适用于本文件。

GB 11607 渔业水质标准

GB 31650 食品安全国家标准 食品中兽药最大残留限量

NY/T 391 绿色食品 产地环境质量

NY/T 393 绿色食品 农药使用准则

NY/T 394 绿色食品 肥料使用准则

NY/T 471 绿色食品 饲料及饲料添加剂使用准则

NY/T 658 绿色食品 包装通用准则

NY/T 755 绿色食品 渔药使用准则

NY/T 840 绿色食品 虾

NY/T 847 水稻产地环境技术条件

NY/T 1056 绿色食品储藏运输准则

SC/T 1066 罗氏沼虾配合饲料

SC/T 1135.4 稻渔综合种养技术规范 第4部分：稻虾（克氏原螯虾）

SC/T 9101 淡水池塘养殖水排放要求

农业部〔2003〕第31号令 水产养殖质量安全管理规定

农医发〔2017〕25号 病死及病害动物无害化处理技术规范

3 环境条件

3.1 稻田选择

地势平坦，抗旱防涝，排灌分开，进、排水方便，土壤质地宜为壤土和黏土，产地环境质量应符合NY/T 391和NY/T 847的要求。

3.2 稻田面积

一般以20亩~50亩为一个生产单元为宜。

3.3 水质水源

水源充足，引水便利，水质清新，pH应为6.5~9.0，水质应符合GB 11607、NY/T 391和NY/T 847的要求。

4 田间工程

4.1 挖沟筑�

4.1.1 挖沟

距离外埂内侧1 m~2 m处开挖边沟。根据稻田地形和面积选择挖成环形沟、"U"形沟、"L"形沟、侧沟。边沟上宽 2 m～4 m、底宽 1 m 左右、深 1.0 m～1.5 m、坡比 1∶(1～1.5)，边沟面积不大于稻田面积的 10%。

在交通便利的一侧建设宽 5 m～6 m 的农机通道。农机通道宜做成"U"形，既保证农机能够通过，又保证边沟水体相通。

4.1.2 筑埂

利用开挖边沟的泥土加宽、加高、加固外埂。外埂每加固一层泥土后均须夯实，满水时不崩塌。外埂宜高出田面 80 cm 左右，使稻田水位能达 50 cm 以上。外埂宽度 2 m 左右，坡比 1∶(1～1.5)。

有条件的可以在田面四边筑起内埂，内埂高 30 cm～40 cm、宽 30 cm～40 cm，每边根据内埂长度设置 2 处～3 处缺口，便于田块进水、排水，也有利于插秧时稻田维持一定水位及施肥用药时隔离虾群。

4.2 进、排水

应具备相对独立的进、排水设施。进水口和排水口呈对角设置，进水口建于田埂上，排水口建于边沟最低处，做到进水便捷、排水彻底。进、排水口宜安装双层防逃网。进水口用 60 目的长网袋过滤进水，防止敌害生物及野杂鱼卵随水流进入。

4.3 防逃设施

外埂四周宜用防逃网围成封闭防逃墙，基部埋入地下 20 cm，顶端高出地面 50 cm，每隔 1 m～2 m 使用竹桩或木桩支撑防逃墙。在防逃墙内侧上沿，缝制一条宽度 15 cm 左右的加厚塑料薄膜，防止小龙虾攀越逃逸。

4.4 施足基肥

肥料使用应符合 NY/T 394 的要求。每亩施用充分发酵的生物有机肥 500 kg，均匀撒施并翻耕入土，埋入深度 10 cm～20 cm。施肥应在 10 月—12 月完成。

4.5 稻田消毒

稻田改造完成后，加水至田面水深 10 cm 左右，茶粕 30 kg/亩或含氯石灰 13 kg/亩全池遍洒，进行消毒，并彻底清除野杂鱼。

4.6 水草种植

边沟和稻田内宜种植伊乐藻，种植时间为当年 11 月至翌年 2 月。在稻田消毒 7 d～10 d 后，加水至田面水深 20 cm 左右，开始种植伊乐藻。

5 水稻种植

5.1 品种选择

宜选用秸秆粗壮、抗倒伏、抗病、高产、品质优、适宜当地种植的水稻品种。

5.2 施肥

按照"前促中控后补"的原则施肥。肥料使用应符合 NY/T 394 的要求。禁止使用对小龙虾有害的氨水、碳酸氢铵、普通过磷酸钙、尿素等化肥。

5.3 病虫害防治

宜采用物理和生物防治措施。农药使用应符合 NY/T 393 的要求，禁止使用对小龙虾有害的辛硫磷、稻瘟灵、吡唑醚菌酯、氰氟草酯等农药。施药前应向稻田灌水，施药时尽量将药喷洒在水稻叶面上，避免落入水中，施药后及时换水。切忌雨前喷药。

5.4 水分管理

水稻种植时期的水分管理应遵循"浅水插秧，寸水返青，薄水分蘖，苗够晒田，大水孕穗，过水促穗，湿润壮籽"的原则。晒田时，边沟水位低于田面 30 cm 左右。水稻收获前 7 d 至水稻收割，边沟水位低于田面 20 cm～30 cm。水分管理可按照 SC/T 1135.4 的规定执行。

5.5 收割与晒田

水稻正常收割，留茬 30 cm 左右，秸秆还田，并晒田 15 d 以上。

6 小龙虾养殖

6.1 苗种来源

优先选用本地具有水产苗种生产许可证的企业生产的苗种,并经检疫合格,其余应符合 NY/T 840 的要求。

6.2 幼虾质量

宜符合以下要求:

a) 规格整齐;

b) 体色为青褐色最佳,淡红色次之;

c) 有光泽、体表光滑无附着物;

d) 附肢齐全、无损伤,无病害、体格健壮、活动能力强。

6.3 幼虾运输

选择专用运输筐,筐底用水草或潮湿的毛巾铺垫,7 kg/筐～8 kg/筐,不挤压,运输过程中保持通风、湿润、避光,运输时间以 2 h 以内为宜。

6.4 幼虾放养

6.4.1 虾体消毒

放养前应用稻田水浇淋 2 次～3 次,每次间隔 3 min～5 min,然后用 20 mg/L 的高锰酸钾或聚维酮碘溶液浸浴消毒 3 min～15 min。

6.4.2 放养时间

宜在 3 月上旬至 4 月中旬投放第 1 批幼虾;在水稻秧苗返青后,根据稻田存留幼虾情况,补充投放第 2 批幼虾。幼虾投放应在晴天早晨和傍晚进行,避免阳光直射。

6.4.3 规格及放养量

投放第 1 批时,规格 3 cm～5 cm 的幼虾,放养量宜为 6 000 只/亩～8 000 只/亩;规格 4 cm～5 cm 的幼虾,放养量宜为 5 000 只/亩～6 000 只/亩。投放第 2 批时,规格 5 cm 左右的幼虾,投放量宜为 2 000 只/亩～4 000 只/亩。

6.4.4 放养方法

直接将虾快速、均匀轻放到浅水区或水草较多的地方,让其自行爬入水中。

6.5 饲料及投喂

6.5.1 饲料

饲料质量要求应符合 SC/T 1066 和 NY/T 471 的要求,优先采用小龙虾绿色食品生产资料配合饲料,饲料粗蛋白质含量 28%～32%。

6.5.2 投喂方法

饲料投喂时宜均匀投在无草区,也可搭建饲料台,固定于边沟或田面。日投饵量以幼虾总体重的 2%～3%、成虾总体重的 4%～6%,并在 2 h 吃完为宜。具体投喂量根据季节、天气、水质、虾的摄食强度和生长周期进行调整。早晚各投喂一次,早晨日出前投喂日投饵量的 30%,傍晚日落后投喂日投饵量的 70%。

6.6 养殖管理

6.6.1 水位管理

在水稻种植期间,稻田水位调控以水稻生长要求为主,其余时间则根据小龙虾的生长要求调控水位。水位管理可参照 SC/T 1135.4 的规定执行。

幼虾投放初期保持田面水深 30 cm 左右,并随着气温升高逐步抬高水位,控制田面水深 30 cm～50 cm。水稻收获后进行稻田晒田和稻田消毒,稻田消毒 10 d 以上,提升田面水深至 20 cm 左右,种植水草,随着水草生长和气温下降,逐渐提升田面水深至 40 cm～50 cm。

6.6.2 水质管理

水质要保持"肥、活、嫩、爽",水溶氧大于 5 mg/L,亚硝酸氮和氨氮 0.1 mg/L 以下。根据水色、水温、天气和虾的活动情况,采取补肥、加水、换水以及生物制剂改底和改水等措施控制水体透明度为 20 cm～40 cm。适时施用充分发酵的有机肥料,将水质的肥力保持在一定程度。

6.6.3 水草管理

水稻种植之前,水草面积控制在养殖总面积的 30% 左右,水草过多及时割除,水草不足及时补充。高温季节宜对伊乐藻进行割茬处理,防止高温期大面积浮根腐烂、败坏水质。

经常检查水草生长情况,水草根部发黄或白根较少时及时施肥。水草虫害高发时,每天检查,发现害虫,及时处理。

6.6.4 巡田

每日早晚巡田,观察水质变化以及虾的吃食、脱壳生长、活动、病害等情况,检查防逃设施,发现问题及时处理。

6.6.5 清除敌害

小龙虾的敌害生物主要有蛙、水蛇、黄鳝、肉食性鱼类和水老鼠等。每年水稻收割期、稻田灌水前,需清除边沟内敌害生物。可采用茶粕 30 kg/亩浸泡后全池遍洒消毒。

6.7 病害防治

坚持"无病先防、有病早治、全面预防、积极治疗"的原则。稻田定期消毒,虾体消毒,调控水环境,精细投喂,避免虾体受伤,预防病害的发生。发生病害时,应准确诊断、对症治疗,治疗用药应符合 NY/T 755 的要求。防治方案参见附录 A。

6.8 捕捞

6.8.1 捕捞时间

第 1 批成虾捕捞时间为 4 月中旬至 6 月上旬;第 2 批成虾捕捞时间为 8 月上旬至 9 月底。

6.8.2 捕捞工具

捕捞工具以地笼为主。成虾捕捞地笼网眼规格以 2.5 cm～3.0 cm 为宜,捕捞时遵循"捕成留幼"原则。

6.8.3 捕捞方法

捕捞初期,将地笼置于田面及边沟中,每日凌晨收虾。3 d～5 d 移动一次地笼位置。

捕获量减少时,降低稻田水位,使虾落入边沟内,在边沟中放置地笼。

用于繁育小龙虾苗种的稻田,在秋季进行成虾捕捞时,当日捕获量低于 0.5 kg/亩时停止捕捞,剩余的虾用来培育亲虾。

7 小龙虾包装、运输和储藏

7.1 包装

应符合 NY/T 658 和 NY/T 840 的要求。活虾应有充氧和保活设施。

7.2 运输和储藏

应符合 NY/T 840 和 NY/T 1056 的要求。运输要有暂养、保活设施,应做到快装、快运、快卸,用水清洁、卫生,防止日晒、虫害、有害物质的污染和其他损害。储藏中应保证所需氧气充足。

8 生产废弃物的处理

8.1 资源化处理

水稻秸秆提倡还田,严禁焚烧、乱堆乱放、丢弃和污染环境。

8.2 无害化处理

稻田排放的尾水水质应符合 SC/T 9101 的要求。

生产资料的包装废弃物应回收,交由有资质的部门或网点集中处理,不得随意弃置、掩埋或者焚烧。病死的小龙虾无害化处理按农医发〔2017〕25号要求执行,推荐使用深埋法处理。

9 生产档案管理

按农业部〔2003〕第31号令的规定建立绿色食品小龙虾稻田生产档案,做好水稻种植和小龙虾养殖的各项记录。记录保存不少于3年。

附　录　A
（资料性附录）
江浙沪等地区绿色食品小龙虾稻田养殖主要病害防治方案

江浙沪等地区绿色食品小龙虾稻田养殖主要病害防治方案见表 A.1。

表 A.1　江浙沪等地区绿色食品小龙虾稻田养殖主要病害防治方案

防治对象	药物名称	使用剂量	用药方法	休药期
纤毛虫病	硫酸锌三氯异氰脲酸粉（水产用）	$0.3\ \text{g/m}^3$	全池遍洒	—
	硫酸锌粉（水产用）	$0.75\ \text{g/m}^3 \sim 1\ \text{g/m}^3$（病情严重时可连用 1 次～2 次）	全池遍洒	—
	食盐	$3\% \sim 5\%$（3 d～5 d 为 1 个疗程）	浸浴	—
甲壳溃烂病	含氯石灰（水产用）	$1.0\ \text{g/m}^3 \sim 1.5\ \text{g/m}^3$（一日 1 次,连用 1 次～2 次）	用水稀释 1 000 倍～3 000 倍后全池遍洒	—
	茶粕	$15\ \text{mg/L} \sim 20\ \text{mg/L}$	全池遍洒	—
烂鳃病	次氯酸钠溶液（水产用）	$1\ \text{mL/m}^3 \sim 1.5\ \text{mL/m}^3$（每 2 d～3 d 1 次,连用 2 次～3 次）	稀释 300 倍～500 倍后全池遍洒	—
	含氯石灰（水产用）	$1.0\ \text{g/m}^3 \sim 1.5\ \text{g/m}^3$（一日 1 次,连用 1 次～2 次）	用水稀释 1 000 倍～3 000 倍后全池遍洒	—
	聚维酮碘溶液（水产用）	$4.5\ \text{mL/m}^3 \sim 7.5\ \text{mL/m}^3$（隔日 1 次,连用 2 次～3 次）	稀释 300 倍～500 倍后全池遍洒	500 度日[a]
白斑病	聚维酮碘溶液（水产用）	$4.5\ \text{mL/m}^3 \sim 7.5\ \text{mL/m}^3$（隔日 1 次,连用 2 次～3 次）	稀释 300 倍～500 倍后全池遍洒	500 度日
	二氧化氯	$0.2\ \text{mg/L} \sim 0.5\ \text{mg/L}$	全池遍洒	—
烂尾病	茶粕	$15\ \text{mg/L} \sim 20\ \text{mg/L}$	全池遍洒	—
肠炎病	次氯酸钠溶液（水产用）	$1\ \text{mL/m}^3 \sim 1.5\ \text{mL/m}^3$（每 2 d～3 d 1 次,连用 2 次～3 次）	稀释 300 倍～500 倍后全池遍洒	—
	含氯石灰（水产用）	$1.0\ \text{g/m}^3 \sim 1.5\ \text{g/m}^3$（一日 1 次,连用 1 次～2 次）	用水稀释 1 000 倍～3 000 倍后全池遍洒	—
	聚维酮碘溶液（水产用）	$4.5\ \text{mL/m}^3 \sim 7.5\ \text{mL/m}^3$（隔日 1 次,连用 2 次～3 次）	稀释 300 倍～500 倍后全池遍洒	500 度日
注:渔药使用应以最新版本 GB 31650 和 NY/T 755 的规定为准。				
a　"度日"是指水温与停药天数乘积。休药期 500 度日指当水温 25 ℃,至少需停药 20 d 以上,10 ℃ 的情况下停药期至少需要 50 d 以上。				

绿 色 食 品 生 产 操 作 规 程

GFGC 2023A274

绿色食品鲫鱼池塘养殖规程

2023-04-25 发布

2023-05-01 实施

中国绿色食品发展中心　发布

前　言

本规程由中国绿色食品发展中心提出并归口。

本规程起草单位：湖南省绿色食品办公室、湖南省绿色食品协会、湖南省水产科学研究所、江苏省绿色食品办公室、广东省农产品质量安全中心、安徽省绿色食品管理办公室、江西省农业技术推广中心、武汉市新洲区农业农村局、中国绿色食品发展中心。

本规程主要起草人：王冬武、何志刚、刘新桃、周玲、朱勇、谭周清、张陈川、田兴、徐继东、孙玲玲、胡冠华、谢陈国、杜志明、程果、唐伟。

绿色食品鲫鱼池塘养殖规程

1 范围

本规程规定了绿色食品鲫鱼池塘养殖的养殖环境,池塘条件,放养前准备,成鱼养殖,日常管理,尾水及废弃物处理,捕捞、包装与运输,档案记录。

本规程适用于绿色食品鲫鱼池塘养殖。

2 规范性引用文件

下列文件对于本文件的应用是必不可少的。凡是注日期的引用文件,仅注日期的版本适用于本文件。凡是不注日期的引用文件,其最新版本(包括所有的修改单)适用于本文件。

GB 3838　地表水环境质量标准

GB 11607　渔业水质标准

GB/T 27638　活鱼运输技术规范

NY/T 391　绿色食品　产地环境质量

NY/T 471　绿色食品　饲料及饲料添加剂使用准则

NY/T 658　绿色食品　包装通用准则

NY/T 755　绿色食品　渔药使用准则

NY/T 842　绿色食品　鱼

NY/T 1056　绿色食品　储藏运输准则

NY/T 3616　水产养殖场建设规范

SC/T 0004　水产养殖质量安全管理规范

SC/T 1008　淡水鱼苗种池塘常规培育技术规范

SC/T 1076　鲫鱼配合饲料

SC/T 1137　淡水养殖水质调节用微生物制剂质量与使用原则

SC/T 9101　淡水池塘养殖水排放要求

DB32/ 4043　池塘养殖尾水排放标准

DB43/ 1752　水产养殖尾水污染物排放标准

3 养殖环境

产地周边应无对养殖环境造成威胁的污染源,水源充足、排灌方便,交通便利,电力保障。产地环境质量应符合 NY/T 391 的要求。水源水质应符合 GB 3838 中Ⅲ类的要求。养殖水质清新,透明度 25 cm～40 cm,pH7.0～9.0,溶氧量≥5 mg/L,应符合 GB 11607 的要求。养殖场建设应符合 NY/T 3616 的要求。

4 池塘条件

4.1 养成池

通风向阳,塘堤坚固,排灌分开,池底平坦、不渗漏;池深 2.5 m～3.0 m,蓄水深 2.0 m～2.5 m。

4.2 设施

养成池进水口与排水口对角设置。排水渠的宽度应大于进水渠,排水渠底应低于排水闸底 30 cm 以上。每 10 亩水面应至少配备 3 kW 功率增氧设备。

5 放养前准备

5.1 池塘清整

排干池水,暴晒池底 7 d～10 d,修整池埂,清除池塘淤泥,泥深不超过 20 cm。

5.2 清塘消毒

苗种放养前,应清塘消毒(方法见表1),药物使用应符合 NY/T 755 的要求。

表 1 常用清塘药物及方法

药物名称	清塘方法	使用剂量(kg/亩)	使用方法	毒性消失时间,d
生石灰	干法清塘	15～25	先干塘,然后将生石灰加水溶化,拌成糊状全池均匀泼洒	4～5
	带水清塘	50～75	将生石灰兑水溶化后全池均匀泼洒	

5.3 注水

清塘 2 d～3 d 后注水,水深 0.8 m～1.2 m。注水时用规格为 24 孔/cm(相当于 60 目)的筛绢网过滤。

6 成鱼养殖

6.1 苗种来源与质量

应从持有苗种生产许可证的苗(良)种场购买苗种并经检验检疫合格或自繁自育苗种,苗种质量应符合 NY/T 842 的要求。自行培育苗种应符合 SC/T 1008 中第 6 章、第 7 章的规定。苗种规格达到 50 g/尾以上转为成鱼养殖。

6.2 苗种放养

成鱼可单养或套养,各地区各品种的苗种放养推荐方式参见附录 A。苗种转塘放养时应进行消毒,并符合 NY/T 755 的要求。

6.3 养殖方法

可在池塘、水库、稻田等水体中投饵或不投饵养殖,可采取精养、混养、套养等多种养殖模式,应符合 NY/T 842 的要求,生态养殖。

7 日常管理

7.1 水质管理

定时监测水温、溶解氧、pH、透明度、氨氮、亚硝酸盐、总碱度、总硬度等指标。优先选用物理、生物等措施,辅以化学措施调节水质,达到 GB 11607 和 NY/T 391 的要求。

7.1.1 有益微生物使用

定期使用微生物调节水质,应符合 SC/T 1137 的要求。在水温25 ℃以上,选择日照较强的天气,施用微生物后要注意增加溶氧,微生物须用药 3 d～4 d 后方能使用。定期添加碳源(葡萄糖、糖蜜等)调节水体碳氮比。控制藻相以绿藻和硅藻为主,避免蓝藻水华暴发。

7.1.2 改底

定期泼洒生石灰等水质改良剂进行水质调节和底泥改良。

7.1.3 增氧机使用

正确使用增氧机,阴雨天或晴天的早晨、午后开机,每次 2 h,高温季节每次增加 1 h～2 h。

7.2 饲料投喂

7.2.1 饲料选择

应符合 SC/T 1076 和 NY/T 471 的要求。鲫鱼养成阶段饲料要求见表2。

表 2 鲫鱼养成阶段饲料主要营养成分指标

项目	主要营养成分指标,%
粗蛋白质	≥28
粗脂肪	≥4
粗纤维	≤10
粗灰分	≤12
总磷	≥1.0
赖氨酸	≥1.5
含硫氨基酸	≥0.7

7.2.2 投喂方法

坚持"四定"投喂,苗种培育日投饲量为鱼体重的 3%～5%,成鱼日投饲量为鱼体重的 1%～3%,日投喂 1 次～2 次。

7.3 病害防控

坚持预防为主,防治结合的原则。防治方案参见附录 B,使用药物应符合 NY/T 755 的要求。

7.4 越冬管理

成鱼越冬池塘水深不低于 1.8 m,保证池塘溶氧充足,适当投喂。

8 尾水及废弃物处理

可根据实际情况采取"三池两坝"模式、渔稻共作、鱼菜共生等模式进行养殖尾水处理,尾水排放应符合 SC/T 9101 的要求,以及符合各省份水产养殖尾水排放强制标准,如 DB32/4043 和 DB43/1752 的规定;生产资料包装物使用后当场收集或集中处理;病死鱼及时清理,按 SC/T 0004 的规定进行无害化处理。

9 捕捞、包装与运输

9.1 捕捞

达到上市规格应适时捕捞上市。排出池水,留 1 m 深水,底拖网或抬网捕获。

9.2 包装

包装应符合 NY/T 658 的要求。活鱼可用帆布桶、活鱼箱、尼龙袋充氧等或采用保活设施,运输工具和装载容器表面应光滑、易于清洗与消毒,保持洁净、无污染、无异味;鲜鱼应装于无毒、无味、便于冲洗的鱼箱或保温鱼箱中,确保鱼的鲜度及鱼体的完好。在鱼箱中需放足量的碎冰,以保持鱼体温度在 0 ℃～4 ℃。

9.3 运输

运输过程中不得使用禁用药物,并符合 GB/T 27638 和 NY/T 1056 的要求。

10 档案记录

应按 SC/T 0004 的要求建立生产与销售档案,保存 3 年以上。

附　录　A

（资料性附录）

绿色食品鲫鱼池塘养殖鱼种放养推荐方式

绿色食品鲫鱼池塘养殖鱼种放养推荐方式见表 A.1.

表 A.1　绿色食品鲫鱼池塘养殖鱼种放养推荐方式

地区	放养时间	种类	放养类型	放养规格(g)	放养密度(尾/亩)
东北地区	4月—5月	鲫鱼	主养	50～100	1 500～2 500
			配养	50～100	100～300
华北地区	秋放:10月—11月 春放:3月—4月	鲫鱼	主养	20～50	2 000～4 000
			套养	50～100	200～500
西北地区	冬放:11月—12月 春放:2月—3月	鲫鱼	主养	30～50	2 000～2 500
			配养	40～50	300～500
西南地区	冬放:11月—12月 春放:3月底前	鲫鱼	主养	50～150	1 500～2 500
			配养	20～50	200～500
长江下游地区	冬放:11月—12月 春放:2月—3月	鲫鱼	主养	50～100	1 800～4 500
			配养	40～60	500～800
长江中上游地区	冬放:11月—12月 春放:2月—3月	鲫鱼	主养	50～100	1 500～3 000
			配养	50～100	300～500
珠江三角洲地区	11月底至翌年2月	鲫鱼	主养	20～50	3 000～4 000
			配养	20～50	300～500

附 录 B
（资料性附录）
绿色食品鲫鱼生产主要病害防治方案

绿色食品鲫鱼生产主要病害防治方案见表 B.1。

表 B.1　绿色食品鲫鱼生产主要病害防治方案

防治对象	症状	药物名称	使用剂量	用药方法
烂鳃病	鳃丝腐烂带有污泥，鳃盖骨内表皮充血，严重时鳃盖骨中央腐蚀成透明小窗	次氯酸钠溶液	1.5 mg/L	全池泼洒，连续 2 d～3 d
		五倍子末	2 mg/L～4 mg/L	
腐皮病	鱼体表局部充血发炎，病灶鳞片脱落，背鳍、尾鳍不同程度的蛀蚀	次氯酸钠溶液	1.5 mg/L	全池泼洒，连续 3 d～5 d
水霉病	菌丝向鱼体外生长似灰白色棉絮，患处肌肉腐烂，病鱼焦躁不安	食盐水	1%～3%	浸浴 20 min
车轮虫病	鱼体发黑，体表或鳃黏液增多，严重时鳍、头部和体表出现一层白翳，病鱼成群沿池边狂游，鱼体消瘦	硫酸锌粉	0.2 mg/L～0.3 mg/L	全池泼洒

绿 色 食 品 生 产 操 作 规 程

GFGC 2023A275

绿色食品鳜鱼生产操作规程

2023-04-25 发布

2023-05-01 实施

中国绿色食品发展中心 发布

前　言

本规程由中国绿色食品发展中心提出并归口。

本规程起草单位:中国水产科学研究院东海水产研究所、上海市松江区水产技术推广站、中国绿色食品发展中心、上海市农产品质量安全中心。

本规程主要起草人:来琦芳、么宗利、李燕、张友良、王俊飞、张维谊、周凯、高鹏程、孙真。

绿色食品鳜鱼生产操作规程

1 范围

本规程规定了绿色食品鳜鱼的苗种,池塘养殖,大水面增养殖,日常管理,收获、包装、储存和运输。本规程适用于绿色食品鳜鱼成鱼养殖。

2 规范性引用文件

下列文件对于本文件的应用是必不可少的。凡是注日期的引用文件,仅注日期的版本适用于本文件。凡是不注日期的引用文件,其最新版本(包括所有的修改单)适用于本文件。

GB 11607　渔业水质标准

GB/T 27638　活鱼运输技术规范

NY/T 391　绿色食品　产地环境质量

NY/T 471　绿色食品　饲料及饲料添加剂使用准则

NY/T 658　绿色食品　包装通用准则

NY/T 755　绿色食品　渔药使用准则

NY/T 842　绿色食品　鱼

NY/T 1056　绿色食品　储藏运输准则

NY/T 3616　水产养殖场建设规范

SC/T 1032.5　鳜鱼养殖技术规范　苗种

SC 1038　鳜

SC/T 1149　大水面增养殖容量计算方法

SC/T 9101　淡水池塘养殖水排放要求

农渔发〔2021〕1 号　农业农村部关于加强水产养殖用投入品监管的通知

农医发〔2017〕25 号　病死及病害动物无害化处理技术规范

3 苗种

3.1 苗种来源

鱼种应体质健壮,规格整齐,种质应符合 SC 1038 的要求,苗种质量应符合 SC/T 1032.5 的要求,并取得检疫合格证明。

3.2 苗种要求

放养鱼种以全长 3 cm 以上为宜,池塘养殖以全长 7 cm～8 cm 以上饲料驯化苗种为宜,要求规格整齐,体质健壮,符合 SC/T 1032.5 的质量要求。

3.3 苗种运输

鱼种运输前 3 d～5 d 应进行拉网或冲水锻炼 2 次～3 次。运输时装运数量可根据气温和运输时间适度调整,具体方法可按 GB/T 27638 的规定执行。

3.4 苗种消毒

投放前用 3%～5% 的盐水溶液浸泡鱼体 10 min～15 min,或用聚维酮碘(1% 有效碘)30 mg/L 浸浴 5 min 消毒,其间应注意观察鱼体状况。

4 池塘养殖

4.1 养殖环境

应符合 GB 11607、NY/T 391、NY/T 3616 的要求。周边无对养殖环境造成威胁的污染源,水质清新,透明度 25 cm～40 cm,pH6.5～9.0,溶氧量≥5 mg/L,且水源充足排灌方便,交通便利,电力充足。

4.2 养殖池塘条件

4.2.1 养成池

长方形,池堤坚固,塘底平坦,壤土、黏土或沙壤土,不渗漏;面积根据地形地貌、养殖品种、养殖模式、生产管理水平、进排水量、进排水时间等确定,每口池塘面积以 5 亩～10 亩为宜,水深 1.8 m～2.0 m。

4.2.2 蓄水池

蓄水池应能完全排干,水容量为总养成水体的 1/3 以上。

4.2.3 尾水处理池

采用循环用水方式,养成池的水排出后,应先进入处理池,经过净化处理后,再进入蓄水池。不采用循环用水,养成后的尾水,也应经处理池净化后,达到 SC/T 9101 的要求后排放。

4.2.4 池塘设施

养成池的进水口与排水口尽量远离,排水渠的宽度应大于进水渠。

应配备增氧设备,同时选用水车式增氧机和叶轮式增氧机按 1:1 的比例搭配使用。每 5 亩水面配备 1 台增氧机,每台增氧机功率不低于 3 kW。

4.3 养殖水质管理

4.3.1 干塘清淤

成鱼出池后,排干池水,同时清除池底过多的淤泥,使淤泥厚度≤10 cm,延缓池塘老化。干塘清淤至少每年进行 1 次。

4.3.2 消毒清塘

苗种放养前,使用消毒剂清塘。常用清塘药物及方法见表 1。药物的使用应符合 NY/T 755 的要求。

表 1　常用清塘药物及方法

药物	清塘方法	使用剂量 kg/亩	使用方法	使用时间
生石灰	干法清塘	60～75	排出塘水,倒入生石灰溶化,趁热全池泼洒。第二天翻动底泥,3 d～5 d 后注入新水	放苗前 7 d～10 d
	带水清塘	125～150	排出部分水,将生石灰化开成浆液,趁热全池泼洒	
含氯石灰 (有效氯≥25%)	干法清塘	1	先干塘,然后将含氯石灰加水溶化,拌成糊状,然后稀释,全池泼洒	放苗前 4 d～5 d
	带水清塘	13～13.5	将含氯石灰溶化后稀释,全池泼洒	

4.4 苗种放养

4.4.1 鱼种质量

选择农业农村部渔业渔政管理部门审定通过的鳜鱼品种,从有苗种生产许可证资质的原良种场购买鱼苗鱼种,苗种应规格整齐、体色正常、体质健壮、活力强,经检疫合格。应该首先符合 SC 1032.5 的要求,其余符合 NY/T 842 的要求。

4.4.2 养殖模式

根据 NY/T 842 的要求,养殖模式应采用健康养殖、生态养殖方式。

4.4.3 池塘进水

清塘 3 d～5 d 后注水,初次注水水深宜为 0.5 m～0.8 m。注水时用规格为 24 孔/cm(相当于 60 目)的筛绢网过滤。

4.4.4 放养方式

成鱼养殖可采用单养或混养,主要鳜鱼放养规格为 7 cm/尾～8 cm/尾,密度为 800 尾～1 000 尾/亩,可套养一定比例的草鱼、鲢、鳙、鲫等。

4.5 饲养管理

4.5.1 饲料

一般选择采用浮性配合饲料,应符合 NY/T 471 的要求。鳜鱼养成阶段配合饲料以蛋白含量 46%～50%,脂肪含量 7%～12%为宜。

4.5.2 投喂方法

4.5.2.1 投喂原则

饲料投喂做到四定:定时、定位、定质、定量。

4.5.2.2 投喂方法

日投喂量:投饲量应根据季节、天气、水质和鱼的摄食强度进行调整。成鱼养殖配合饲料日投饲量一般为鱼体重的 1%～3%。

日投喂次数:成鱼养殖投喂次数为 2 次～4 次,每次投喂时间持续 20 min～40 min。

5 大水面增养殖

5.1 水域环境

5.1.1 水域选择

环境应符合 NY/T 391 的要求。选择水源充足,生态良好,周边无污染,水生生物资源丰富的湖泊、水库等大水面等水域环境。

5.1.2 水质条件

水体溶氧≥5 mg/L,透明度 50 cm 以上,pH 6.8～9.0。其余水质条件应符合 GB 11607 和 NY/T 391 要求。

5.2 苗种

苗种质量参见 3.1 和 3.2。

大水面增养殖苗种应是本地种,放养种类及分布参见附录 A。

5.3 养成

5.3.1 放养密度

放养密度根据水域面积、鱼种规格和饵料资源状况综合确定,一般为 5 尾/亩～10 尾/亩。增养殖容量应符合 SC/T 1149 的要求。

5.3.2 放养时间

鱼种投放时间宜 5 月中下旬至 6 月上旬。

5.3.3 投放地点

湖泊、水库应选择水质较肥的湾汊。

5.3.4 饵料

鳜鱼主要摄食水体中天然饵料,不需人工投喂饵料。

6 日常管理

6.1 病害防治

坚持预防为主、防治结合的原则。对于池塘养殖模式应彻底清塘消毒。鱼种消毒,调节水质,规范操作,避免鱼体受伤,防治方案参见附录 B。使用药物执行 NY/T 755 的标准要求。投入品的使用应符合农渔发〔2021〕1 号的要求。

6.2 养殖尾水排放及生产废弃物处理

池塘排放养殖水水质应符合 SC/T 9101 淡水池塘养殖水排放要求。生产资料包装物使用后当场收集或集中处理,避免产生次生环境污染。养殖生产粪污及底泥经发酵后作为肥料还田,也可将其收集处理用于其他用途,严禁随意排放。病死鱼无害化处理按农医发〔2017〕25 号执行,选用合适处理方法进行无害化处理,一般推荐选择深埋法处理。

6.3 水质检测

定时测量水温、溶解氧、pH、透明度、氨氮、亚硝酸盐、总碱度、总硬度等指标,其中溶解氧、pH、氨氮、亚硝酸盐、总碱度、总硬度建议采用便携式水质分析仪测定。

6.4 养殖生产记录

按照农产品质量安全全程管理要求建立池塘养殖生产档案,记录池塘消毒、苗种投放、饲养管理、水质调控、病害防治等信息,记录保存 3 年以上。

按照农产品质量安全全程管理要求建立大水面养殖生产档案,详细记录大水面苗种投放、饲养管理、水质调控、病害防治等信息,记录保存 3 年以上。

6.5 日常巡查

池塘养殖每天巡塘不少于 2 次,宜在清晨观察水色和鱼的动态,及时处理浮头和鱼病。正确使用增氧机,阴雨天或晴天的早晨、午后开机,每次 2 h,高温季节每次增加 1 h~2 h。

7 收获、包装、储存和运输

7.1 收获

池塘养殖规格达到 500 g 以上即可收捕上市,排出池水,留 1 m 深水,拉网或抬网捕获。

大水面增养殖成鱼采用刺网、抬网等多种网具捕捞。尽量将当年所养鳜鱼捕尽,否则会影响次年投放鱼种的成活率。

7.2 包装

包装应符合 NY/T 658 的要求。活鱼可用帆布桶、活鱼箱、塑料袋充氧等或采用保活设施,运输工具和装载容器表面应光滑、易于清洗与消毒,保持洁净、无污染、无异味;鲜鱼应装于无毒、无味、便于冲洗的鱼箱或保温鱼箱中,确保鱼的鲜度及鱼体的完好。在鱼箱中需放足量的碎冰,以保持鱼体温度在 0 ℃~4 ℃。

7.3 运输和储存

按 NY/T 1056 的规定执行,活鱼运输技术应符合 GB/T 27638 要求,暂养和运输水应符合 NY/T 391 的要求。

附 录 A
（资料性附录）
绿色食品鳜鱼大水面增养殖鱼种放养种类及分布

绿色食品鳜鱼大水面增养殖鱼种放养种类及分布见表 A.1。

表 A.1 绿色食品鳜鱼大水面增养殖鱼种放养种类及分布

种类	分布地区
翘嘴鳜（*Siniperca chuatsi*）	主要分布在长江中下游水域及珠江流域 （广东、湖北、安徽、江西、江苏、浙江、湖南、福建）
大眼鳜（*Siniperca knerii*）	主要分布在长江流域、淮河中下游水域(广西)
斑鳜（*Siniperca scherzeri*）	主要分布在珠江和长江东部水域(广西)

附　录　B

（资料性附录）

绿色食品鳜鱼池塘养殖主要病害防治方案

绿色食品鳜鱼池塘养殖主要病害防治方案见表 B.1。

表 B.1　绿色食品鳜鱼池塘养殖主要病害防治方案

防治对象	药物名称	使用剂量	用药方法	休药期,度日
细菌性肠炎	聚维酮碘溶液	0.2 mg/L～2 mg/L(连续 3 d～5 d)	全池泼洒	—
水霉病	人工盐水(有效成分:NaCl、MgCl$_2$、Na$_2$SO$_4$、CaCl$_2$、KCl 和 NaHCO$_3$)	盐度 6～7(连续 5 d～7 d)	浸浴	—
小瓜虫	海水晶	盐度 6～7(连续 5 d～7 d)	浸浴	—
指环虫病	阿苯达唑粉	0.2 g/kg 体重	拌饵投喂	500

图书在版编目(CIP)数据

绿色食品生产操作规程. 六 / 金发忠主编. -- 北京：
中国农业出版社，2024.6. -- ISBN 978 - 7 - 109 - 32418 - 3

Ⅰ. TS2 - 65

中国国家版本馆 CIP 数据核字第 2024ED9011 号

绿色食品生产操作规程(六)

LÜSE SHIPIN SHENGCHAN CAOZUO GUICHENG(LIU)

中国农业出版社出版

地址:北京市朝阳区麦子店街 18 号楼

邮编:100125

责任编辑:廖　宁

版式设计:王　晨　　责任校对:吴丽婷

印刷:中农印务有限公司

版次:2024 年 6 月第 1 版

印次:2024 年 6 月北京第 1 次印刷

发行:新华书店北京发行所

开本:880mm×1230mm　1/16

印张:17.25

字数:525 千字

定价:128.00 元